国家自然科学基金项目（52074296）资助
国家自然科学基金项目（52004286）资助
中央高校基本科研业务费专项资金项目（BBJ2024007）资助
河北省自然科学基金项目（E2024508008）资助

深部煤巷围岩
外锚－内卸协同控制

谢生荣　陈冬冬　王恩　蒋再胜　李辉　著

U0316033

北　京
冶金工业出版社
2024

内 容 提 要

本书基于深部实体煤巷与沿空煤巷两类典型煤巷地质工程条件，通过井下实测深入分析深部煤巷围岩应力及矿压数据，探索了深部煤巷两帮煤体由内向外整体结构性运移的大变形破坏机制，提出煤巷围岩外锚－内卸协同控制技术并阐明两者相互作用机理，基于构建"多位一体"总体矿压观测方法分析反馈强采动影响下煤巷围岩卸压控制效果，形成深部煤巷围岩外锚－内卸协同调控及新型囊袋系统调控的科学化控制机制与技术体系。

本书可供矿业领域科研工作者和工程技术人员阅读，也可供高等院校相关专业的师生参考。

图书在版编目（CIP）数据

深部煤巷围岩外锚－内卸协同控制／谢生荣等著.
北京：冶金工业出版社，2024. 10. -- ISBN 978-7
-5240-0020-4

Ⅰ. TD263

中国国家版本馆 CIP 数据核字第 2024CQ6181 号

深部煤巷围岩外锚－内卸协同控制

出版发行	冶金工业出版社	电　　话	(010)64027926
地　　址	北京市东城区嵩祝院北巷 39 号	邮　　编	100009
网　　址	www. mip1953. com	电子信箱	service@ mip1953. com

责任编辑　任咏玉　杨　敏　美术编辑　彭子赫　版式设计　郑小利
责任校对　郑　娟　责任印制　窦　唯
北京建宏印刷有限公司印刷
2024 年 10 月第 1 版，2024 年 10 月第 1 次印刷
710mm×1000mm　1/16；13 印张；254 千字；200 页
定价 80.00 元

投稿电话　(010)64027932　投稿信箱　tougao@cnmip.com.cn
营销中心电话　(010)64044283
冶金工业出版社天猫旗舰店　yjgycbs.tmall.com
（本书如有印装质量问题，本社营销中心负责退换）

前　　言

随着煤炭开采深度逐年增加，相当数量的煤炭生产基地已步入深部开采行列。受围岩典型的"三高"赋存环境与煤炭开采过程中的采动等因素的影响，深部巷道围岩呈现出非连续、非协调大变形、大范围失稳破坏等一系列工程响应问题，极易引起矿井安全事故。由于深部矿井煤巷围岩埋深大、煤体本身特性（松、软、碎）、采掘活动以及复杂的地应力环境，导致围岩体的组织结构、基本行为特征和工程响应发生了根本性变化，致使深部巷道发生持续大变形等剧烈矿压，严重影响矿井安全生产。因此，针对性地开展深部软碎煤体巷道围岩破坏机制与控制研究具有刻不容缓的必要性和紧迫性。

本书基于深部实体煤巷与沿空煤巷两类典型煤巷地质工程条件，现场调研实测并揭示了煤巷两帮深部煤体整体向煤巷空间运移并作用于浅部锚固围岩使其整体持续大变形的联动破坏机理，提出了在煤巷浅部围岩进行强化基础上在两帮深部应力高峰区域开挖一个大型孔洞空间进行两帮煤体内部卸压的协同控制技术，保障了煤巷浅部锚固区围岩在稳定承载的基础上使两帮原支承压力峰值显著向深部转移，同时两帮内部大型卸压孔洞群为深部煤体持续向煤巷空间运移提供让压补偿空间。设计并研发了可布置于内部卸压空间内的新型施恒阻且可变阻适应功能的可缩胀囊袋调压系统，通过物理相似模拟方法验证了外锚－内卸协同控制技术的可行性。采取数值模拟方法研究了不同造穴技术参数下实体煤巷与沿空煤巷两类典型煤巷围岩支承压力、偏应力的分布及响应规律，获得了合理的内部卸压关键参数确定准则及各参量响应级度，提出了深部煤巷围岩外锚－内卸协同调控关键技术参数并进行现场工业性试验，构建了强采动煤巷"多位一体"总体矿压监测反馈方法，并验证了协同控制技术的合理性，形成了深部强采动煤巷围岩外锚－内卸协同调控及新型囊袋调压监控的科学化控制机制与技术体系。

希望读者通过阅读本书能够更容易地了解和掌握深部强动压条件下煤巷矿压控制科学内涵，并期待本书可以为深部强动压煤巷围岩控制等类似工程实践提供新的参考与借鉴。

本书内容涉及的有关研究得到了国家自然科学基金项目（52074296、52004286）、中央高校基本科研业务费专项资金项目（BBJ2024007）、河北省自然科学基金项目（E2024508008）的资助和支持，得到了冀中能源股份有限公司东庞矿和邢东矿的现场支持，在此一并表示衷心感谢。

由于研究条件和作者水平所限，书中不妥之处，敬请广大读者批评指正。

作　者
2024 年 6 月 17 日

目　　录

1 绪 论

1.1 煤巷围岩研究背景

煤炭是我国的主体能源，长期以来对促进我国能源安全与经济的高质量发展发挥了不可或缺的兜底保障作用，深部煤炭资源开发是国家能源持续有效供给和经济高速发展的重要保障[1-4]。随着煤炭开发强度和广度的持续增加，浅部煤炭资源日益减少，我国绝大部分矿井已进入深部开采行列[5-8]。深部岩体所处的"三高一扰动"复杂力学环境使得深井巷道围岩呈现出变形持续时间长、绝对变形量大以及收敛速度快等不同于浅部围岩的变形破坏特征，其围岩控制已成为国内外采矿工程界公认的科技难题[9-12]。著者带领的科研团队对冀中、开滦等进入千米埋深矿区进行十余年的跟踪调研与现场实践，从中知悉，深部开拓巷道长年不间断扩刷整修已逐渐成为常态，尤其是布置在软弱煤层中巷道两帮持续快速大变形更是其围岩稳定控制的关键，即使在采用强力锚杆索支护系统、高支撑力支架、注浆加固以及围岩卸压等高强综合控制技术后，仍无法避免支护系统损毁，仅是将扩刷整修间隔时间延长，导致支护成本居高不下，严重制约了矿井安全集中高效生产。事实上，在深部复杂应力与围岩环境下，研究深部巷道围岩控制理论与技术成为艰难的挑战[13-15]，有针对性地开展深入系统研究已具有刻不容缓的必要性和紧迫性。

针对深部高应力强采动影响下煤巷围岩持续大变形导致其不得不定期扩刷整修的问题分析，知悉单纯从提高围岩支护强度、改善围岩性质等方面控制深部巷道围岩大变形相当困难，相对降低围岩应力是维护该类巷道稳定的关键。本书基于深部煤巷受强采动影响下两帮深部煤体持续向煤巷空间运移并作用于锚固围岩使其整体持续大变形的联动破坏机制深入思考，提出在煤巷浅部围岩进行强化基础上，在两帮深部应力高峰区域开挖一个大型孔洞空间进行两帮煤体内部卸压的协同控制技术，保障煤巷浅部锚固区围岩稳定承载的基础上使两帮原支承压力峰值显著向深部转移，同时两帮内部大型卸压孔洞群为深部煤体持续向煤巷空间运移提供让压补偿空间，保障了深部强采动影响下煤巷围岩的长期安全与稳定，为同类条件深部动压影响巷道围岩的稳定性控制提供有效方法。

本书重点探索深部煤巷两帮持续大变形特征与力学本构行为、开挖扰动围岩应力场演化与持续大变形产生机制、两帮煤体内部卸压调控原理以及科学化调控。本书针对现场采场实践中存在的深部煤巷两帮持续大变形矿压特征及其与影响因素关联性进行考究，并进一步深入研究深部煤巷两帮持续大变形与各类应力、塑性破坏场的演化关联性以及态势判别标准，揭示持续大变形产生机制，丰富矿山压力与岩层控制学科的工程内涵和视角；提出在煤巷两帮深部区域开挖一个大型孔洞并布置恒阻调控系统进行持续大变形控制的新方法，研究卸压扰动煤体支承应力、与偏应力场响应，阐明其有控卸压和空间缓冲的卸压调控原理，实质创新巷道围岩灾害防治理论；探析巷道围岩支护体稳定性与卸压孔洞参数和系统工作指标的互馈关系以及相应的卸压调控能力，形成深部煤巷两帮持续大变形的科学化内部卸压调控技术体系，实现深部巷道围岩控制领域取得突破和新进展。研究成果将在国民经济和社会发展中发挥重要作用并具有广阔的应用前景，以在邢东矿已开展前期调研规划的深井煤巷变形破坏的关键科技难题——千米深井两帮持续大变形控制工程为例，能维持扩刷整修时间达 3 ~ 5 年的强力综合支护成本即达 2.6 万元/m，而全矿井煤层大巷均存在不同间隔时间的数次扩刷整修，不得不长年安排 1 ~ 2 支施工队伍专门从事巷道扩刷整修工作。邢东矿在全矿井煤层大巷乃至全国深部巷道推广应用项目成果会有力促进深部矿井安全高效集约化发展。项目研究形成的卸压调控成果将实质丰富我国深部巷道围岩控制理论，为深部巷道围岩灾害防治提供关键科技支撑，对引领煤炭产业科技和生产力进步有着重要的理论和实践意义。

1.2　深部煤巷围岩研究现状

1.2.1　深部巷道围岩失稳破坏特征与机理研究现状

国内外专家学者在深部巷道围岩失稳破坏特征与机制方面已取得了丰硕的学术成果。在深部巷道围岩变形规律及破坏机制的数值模拟研究方面，构建了描述围岩卸荷条件下考虑损伤扩容及其破裂碎胀本构关系的三维数值计算模型，阐释了巷道畸变破坏特征及其控制对策机理[16]；建立了基于 Burgers 流变模型的数值计算模型，研究了不同影响因素条件下巷道围岩流变规律[17-18]；通过泥岩数字散斑蠕变试验与数值模拟分析得出煤巷围岩锚固范围外出现蠕变破坏，存在非连续性破裂[19]；基于蠕变力学试验的 Cvisc 蠕变本构关系，数值模拟研究并揭示了深部巷道长期存在非对称大变形机制[20]。我国学者通过理论计算方法研究获得了采场围岩破断机理[21-26]，通过数值模拟方法获得了巷道围岩应力、位移与破坏场的演化特征，进一步采用更能反映煤岩体破坏本质的偏应力[27]、主应力差[28]与畸变能[29]等指标来明晰巷道围岩变形破坏机制。贾后省等[30-31]模拟表明工作面回采引起巷道围岩支承压力集中、塑性破坏深度增大且主应力方向发生偏转，提出了常规支护无法适应巷帮围岩大变形控制；Yang 等[32]采用 UDEC 离散元模拟方法研究了无支护和支护下巷道破坏模式，揭示了巷道围岩变形、应力和裂纹扩展的响应特征，阐述了巷道开挖导致高偏应力，且超过了浅层围岩的峰值强度，致使围岩进入破坏后阶段，巷道浅部出现拉伸破坏并逐步向深处发展，导致浅层围岩破碎、膨胀和分离。

在深部巷道围岩变形规律及破坏机制的相似模拟研究方面，惠功领等[33]利用开发的新型地下工程相似模拟试验系统，结合数字图像采集及其分析技术原理，对强采动煤巷在不同支护条件下的失稳破坏全过程进行了相似模拟分析，提出了锚固支护后煤巷周围浅部煤体的碎胀量主要由掘巷引起，工作面回采期间，由于深部煤体碎胀，引起煤巷发生一定程度变形；Yan 等[34-35]通过实验室物理相似模拟，研究了不同侧向压力条件下巷道从稳定到失稳全过程中应力及其位移演化全进程的基本规律，指出了巷道围岩大变形破坏的关键位置及其主要维护措施。靖洪文等[36]自主研制了深部巷道围岩结构失稳的新型大尺度模拟试验系统，通过该系统模拟得出了煤巷锚固承载结构围岩的全程载荷-位移关系曲线。华心祝、孔令海等[37-38]设计了可铅直和水平双向同时加载的二维相似模拟试验平台，探究了巷道自掘进至回采进程中各阶段围岩宏观破坏过程及其应力演化特征，得出了不同增量载荷作用下巷道围岩的冲击破坏关键位置。王琦等[39]自主研发了适用于无煤柱切顶卸压巷道三维相似模型试验系统，实现了工作面回采进程中完整的工作面矿压显现规律监测，获得了工作面采动影响下巷道破坏关键位置。王炯等[40]采用物理相似模拟试验方法对巷道采取恒阻大变形锚索支护条件下的围岩畸变破坏规律进行了研究，阐述了相似模拟结果与现场实测结果的一致性特征。谭云亮、刘学生等[41-44]研究了深部采动巷道围岩变形失稳及破裂的拓展及其演变特征，获得了各阶段围岩破裂信息并提出了"卸-固"协同控制技术。

在深部巷道围岩变形规律及破坏机制的理论计算研究方面，Zhao 等[45]基于考虑岩体强度、应力及其变形特征，构建了深部软化破碎围岩理论计算模型，分析了巷道围岩弹塑性软化区和断裂区的强度、应力和变形，得到了围岩应力场、位移场和塑性损伤范围的解析解，考虑了峰值后强度软化、剪切膨胀效应、原始岩石应力和支护阻力，分析阐明了浅承载层、深承载层和关键承载层对控制巷道围岩变形的影响作用；Pang 等[46]建立了巷道底板力学模型，通过理论计算分析了巷道底板变形特征与规律，揭示了巷道围岩在应力扰动环境下底鼓剧烈变形的失稳机理，得出了开采应力引起的"远场"是复合应力场，揭示了拉应力是引起围岩破坏的主要因素。陈昊祥等[47]构建并求解了深部巷道围岩塑性区演化的理论模型 kink 波解，通过现场实测验证了 kink 波解对于分析巷道围岩塑性区分布及拓展规律具有指导意义。左建平等[48]提出了深部大变形巷道围岩分级梯度控制原理及其围岩的屈服破坏判据准则，实现了巷道破碎区及塑性区围岩的分级三维承压壳结构控制，得出了分级后巷道围岩的屈服破坏准则。王卫军等[49]计算获得了非等压圆形巷道条件下考虑围岩支护阻力的塑性区边界方程的解析解，分析并阐明了围岩支护力及其巷道塑性区间的相互作用机制。

在强采动影响巷道围岩失稳破坏机制方面，黄炳香等[50]从深井采动影响巷道围岩工程实际出发，提出了采动系数并阐释其概念，探明了强采动与大变形的差异性及其量化评价指标，形成了深部强采动巷道围岩结构失稳大变形及其流变理论架构。姜鹏飞等[51-53]研究了深部采动巷道在不同地应力、偏应力、工作面开采长度及其围岩劣化特征等方面的稳定性响应规律，明晰了围岩大变形破坏失稳机理及其包括高地应力、剧烈采动影响、软岩及其流变等三方面关键因素。冯国瑞、张百胜、梁卫国等[54-62]研究了近距离煤层群开采条件下围岩分区域非对称畸变原理，提出了一种新型的基于拆除构件法的遗留煤柱群链式失稳评价方法，该方法有助于指导相邻煤层间的安全回采。马念杰、刘洪涛等[63-67]分析了多次重复采动影响巷道围岩应力及其塑性破坏区的形态与时空演化规律，提出了可指导巷道围岩支护设计的蝶形破坏理论，揭示了巷道围岩塑化失稳破坏的动-静组合机制。伍永平等[68-73]阐明了急倾斜煤层强采动影响巷道围岩非对称结构畸变特征，提出巷道失稳复杂时空关系，厘清了亟须解决的大倾角煤层长壁综采技术难题。

1.2.2 深部巷道围岩支护加固理论与技术研究现状

在深部煤巷围岩支护系统与结构方面，国内外学者通过不断探索与实践研究，取得了一系列研究成果。近年来，锚杆索支护实质探索与推广应用使得该理论与技术迅速发展，逐渐发展并形成了高强高预应力锚杆索支护技术体系，如强力锚杆、钢带与锚索等多种材料，促使锚杆索在深部复杂环境下仍具有良好的支护刚度与强度[74]；研发了恒阻大变形锚杆[75-76]、负泊松比效应锚索[77-78]、高延伸率可接长锚杆[79]、锚杆索让压装置[80]等材料与装置，能有效适应复杂条件下巷道围岩扩容大变形；在桁架结构方面开展了高预应力锚索桁架[81-82]、锚索箱梁桁架[83]以及高强锚索束[84]等支护结构开发与应用，促使围岩形成整体承载结构；研制或改进了U形钢支架[85]、钢管混凝土支架[86]、栅格支架[87]、厚层混凝土墙[88-89]、反底拱控制技术[90]等强支撑系统，取得了显著支护效果。上述成果进一步促进了深部复杂巷道支护理论与技术应用及发展，为深部巷道稳定控制提供关键技术支撑。

在深部煤巷围岩稳定性控制理论与技术方面，国内外学者通过现场实测、理论分析、实验室研究、数值模拟和现场试验等手段，提出了多种支护理论，如主被动协同支护理论、围岩分区劣化理论、高预应力强力支护理论、围岩强度强化理论、巷道蝶形塑性区理论以及巷道围岩卸压理论等[91-95]，而针对深部软碎煤体巷道围岩强矿压特征，则综合多种理论及相应技术进行协同控制[95-100]，为软碎煤体巷道围岩支护体系的发展奠定了理论基础。如康红普等[101-106]针对典型的千米深强采动软岩巷道围岩持续变形控制问题，提出了深井软岩巷道高强锚杆主动支护＋新型有机材料高压劈裂注浆主动改性＋水力压裂主动卸压的"三主动、三位一体"协同控制理念、原理与技术，并在不同的围岩环境下取得了成功实践。同时，创新性地提出了集多信息交融的智能化开采模式与理论等多方面关键科学问题与技术构想，总结凝练形成的煤矿巷道围岩控制技术体系，如图1.1所示。

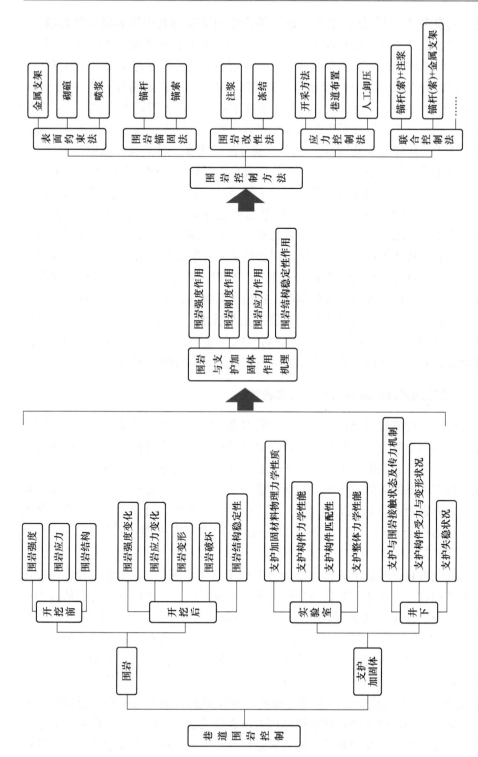

图 1.1 煤矿巷道围岩控制技术体系[104]

袁亮、刘泉声等[107-110]分析了"三高"耦合作用下深部巷道围岩畸变破坏特征，提出了"应力状态逐级恢复改善、围岩破裂固结及其损伤修复改性、围岩强化、应力转移与承载圈扩大"等深部采动影响巷道稳定性控制理论及技术，形成了深部巷道围岩分布联合支护的新理念。侯朝炯、柏建彪、王襄禹等[111-117]探析了深部巷道围岩蠕变和底鼓两大关键难点，提出了巷道围岩多级梯度支护、主动有控卸压的控制新思路，形成了集提高围岩整体强度、合理支护技术、转移围岩高集中应力等于一体的三大巷道围岩基本控制方法。张农、韩昌良、阚甲广等[118-124]研究了复杂难采条件下巷道围岩结构特征及应力演化总规律，探明了巷道围岩应力优化与覆岩结构的稳定性控制，形成了卸压-锚固主动协同控制原理及其方法。李术才等[125-126]研究了深部高应力软岩巷道受地应力、拱架支护强度、围岩强度等级等多因素对深部巷道围岩稳定性的响应机制，探明了巷道围岩存在因巷道开挖引起的分区域逐级裂化现象，研究得出的深部巷道破裂模式对设计巷道稳定性控制技术方案具有重要指导作用。王卫军、冯涛、余伟健等[127-131]探究了深井软岩大变形巷道两帮、底鼓等失稳机制，提出了高强耦合加固支护方法控制围岩大变形，形成了深井高应力损伤围岩修复理论与技术。靖洪文等[132-134]提出深部软岩巷道的初期"固"、中期"卸"、后期"抗"等三位一体化刚柔耦合动态协同控制理念，并对深井极软岩巷道围岩大变形取得了良好的控制效果。

1.2.3　巷道围岩卸压理论与技术研究现状

在深部巷道围岩综合控制技术中，除加强支护与注浆加固改性技术外，卸压法也是深部高地应力、剧烈扰动、持续大变形巷道围岩长时有效控制的关键技术方向之一。卸压法主要运用的技术手段是降低或转移巷道周围的高集中应力、降低或改善巷道围岩的偏应力及其应力梯度等方法[135-136]，主要发展形成了以下卸压理论，分别为：（1）压力拱理论[137-138]；（2）支承压力理论[139-140]；（3）最大水平地应力理论[141]；（4）板理论[142-143]；（5）卸压支护理论[83,144-146]；（6）轴变论[147-148]等。

总体上可将煤矿巷道卸压方法划分为以下技术体系[135]：巷道围岩远场卸压法、巷道布置法、巷道围岩近场卸压法等。巷道布置法是将巷道布置在低应力区进而实现围岩卸压，其主要包括掘前预采与跨巷开采[149]、上行开采[150-151]、沿空掘巷（留巷）[152-153]、采空区内掘巷（留巷）[155]等形式方法，将待保护巷道布置在围岩应力降低区内是实现巷道稳定性控制的最有效方法。巷道围岩近场卸压法主要包括在巷道底板与两帮实施钻孔[156]、切缝[157-158]、爆破[159]、压裂[160]及掘卸压巷[161]等技术措施，其本质是通过改变浅部围岩应力大小将巷道浅部高集中应力转移至巷道更深处；巷道浅部围岩形成部分变形空间并允许产生一定程度变形，减小围岩向待保护巷道空间的移近。巷道围岩远场卸压法主要是针对为减小相邻工作面的剧烈回采扰动而实施的卸压方法，其主要包括深孔预裂采场上覆关键岩层[162]、预裂爆破[163]、地面及井下局部水力压裂[164]等方法。除此之外，国内外学者还发展形成了支护系统自身让压及二次支护[165]等巷道围岩卸压控制技术。

针对上述卸压理论与技术，专家学者们围绕卸压技术在煤矿中的应用开展了广泛研究，李俊平等[166-167]提出采取爆破技术诱导崩落顶板拉应力最大处围岩的卸压技术方法（见图1.2），理论推导了顶板卸压的首次及二次切槽位置、顶板切槽深度、切槽总宽度等关键卸压参数，该方法促使工作面支承压力及应力集中程度显著降低，显著降低了巷道围岩的支护难度，以上技术方法在多个矿井应用并取得了成功实践。何满潮等[168-172]提出了切顶卸压无煤柱自成巷开采技术方法，其主要利用巷道顶板定向切缝技术以切断待留设巷道顶板与采空区上方部分顶板间的联系，主要利用顶板岩石自身碎胀系数使垮落后的顶板形成承载结构，该技术改变了普通留煤柱开采技术方法中的巷道布置及采掘方式，既能采煤作业又可形成区段巷道，实现了少掘一条回采巷道及相邻工作面间无需留设区段煤柱的目标，如图1.3所示。林柏泉、吴拥政、黄炳香等[173-176]研究了水力压裂卸压技术、高压脉动水力压裂卸压增透技术等在煤矿采场或巷道的卸压效果，水力压裂卸压后显著改善了围岩应力状态，验证了水力压裂卸压技术广泛适用于煤矿卸压开采。姜福兴、潘一山、齐庆新、窦林名等[177-181]研究了大直径钻孔卸压技术在矿井煤层卸压、工作面防冲、巷道底板防冲等的重要作用，阐明了钻孔卸压技术对煤矿防冲及卸压等具有显著效果。卢义玉等[182-183]系统梳理了水力射流技术应用于煤矿增透煤层等方面发展历程与新进展，总结凝练出水射流卸压技术、水力冲孔造穴、割缝导向压裂围岩等相关理论与技术的发展概况。于斌等[184-185]针对特厚煤层赋存条件下综放开采技术强矿压显现特征，提出了巷道顶板水力压裂卸压技术，显著改善了复杂条件下巷道围岩应力及变形，取得了显著的卸压控制效果。Gu等[186-190]提出了巷道围岩分段扩孔的钻孔卸压技术，分析了分段扩孔时钻孔周围的应力分布及其机理，探析了扩孔段直径、扩孔段长度和钻孔间距等对巷道变形及其卸压效果的响应规律，研究得出了采用分段扩孔的钻孔卸压技术可以有效减少围岩聚集能、控制巷道围岩变形。谢生荣等[191-193]针对钻孔卸压及松动爆破卸压技术会引起巷道浅部锚固支护体围岩出现一定程

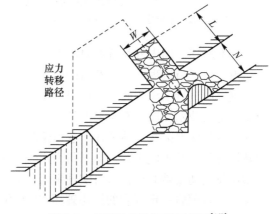

图1.2 切槽放顶法卸压原理图[167]

度弱化及破坏的现象，提出了深部煤巷围岩外锚-内卸协同控制技术，一方面煤巷采取外锚强化技术避免弱化浅部支护体围岩发生剧烈变形及破坏，另一方面在应力峰值区采取内部卸压技术促使煤巷两帮围岩支承压力峰值显著向深部转移进而实现巷道围岩卸压，内部大型卸压孔洞群的布置可为煤巷两帮深部煤体向煤巷空间运移提供让压补偿空间，通过东庞矿现场工程实践验证了外锚-内卸协同控制技术可有效抵御煤巷两帮围岩常年持续大变形，保障了强采动影响下大断面煤巷围岩的长期稳定。

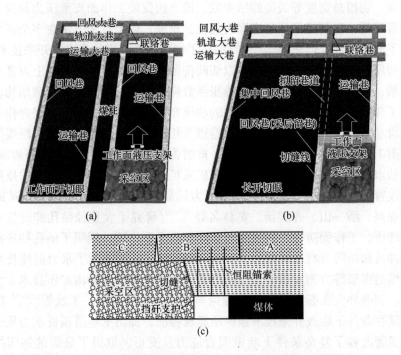

图 1.3　切顶卸压无煤柱留巷与常规沿空留巷对比图[170]
(a) 常规沿空留巷；(b) 切顶卸压无煤柱自成巷；(c) 切顶卸压无煤柱自成巷围岩结构

　　综上所述，国内外学者们对深部煤矿地应力及软碎煤体特征、深部巷道围岩失稳破坏特征与机理、深部巷道围岩支护加固理论与技术、巷道围岩卸压理论与技术等方面进行了深入研究，取得了丰硕的科研成果，对推动深部煤矿巷道围岩控制理论与技术发展具有重要的指导意义。煤矿进入深部开采后，越来越多煤巷表现出两帮深部区域煤体整体向巷道运移并作用于锚固支撑系统使其整体大变形的破坏机制。基于此现状，本书研究出发点主要考虑以下两方面：第一，常规钻孔卸压及松动爆破卸压技术可实现围岩应力峰值向深部转移，但随之引起两帮浅部锚固区域围岩一定程度的损伤破坏[196]不利于煤巷稳定性控制（见图1.4）；第二，需寻求一种既不破坏煤巷浅部锚固体围岩稳定性，又可使围岩高集中应力向

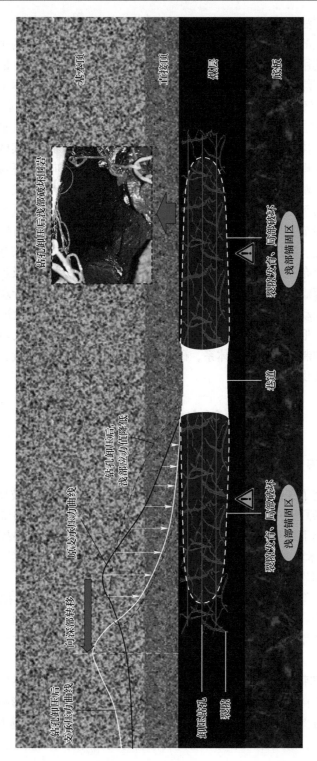

图 1.4　钻孔卸压技术原理图

深部转移的卸压方法。

深部煤巷从大的视角上进行划分可分为实体煤巷道与沿空煤巷两类煤巷，根据其服务范围及其用途，又可分为开拓巷道、准备巷道和回采巷道。因此，为了全面准确掌握深部煤巷围岩的变形规律、破坏特征以及破坏机制，本书选取东庞矿12采区集中供液泵站硐室（实体煤巷道、准备巷道）与邢东矿千米深井11216运输巷（沿空掘巷、回采巷道）典型地质工程条件，现场调研实测并揭示了煤巷两帮深部煤体整体向煤巷空间运移并作用于浅部锚固围岩使其整体持续大变形的联动破坏机理，提出了可抵御煤巷两帮深部煤体整体向外运移的外锚-内卸协同控制技术，阐明了外锚与内卸二者协同作用机理，设计并研发了可布置于内部卸压空间内的新型施恒阻且可变阻适应功能的可缩胀囊袋调压系统。通过物理相似模拟方法验证了外锚-内卸协同控制技术的可行性，采取数值模拟方法研究了不同卸压位置、卸压孔长度、卸压孔间距下实体煤巷道与沿空煤巷围岩支承压力、偏应力的分布及响应规律，获得了合理的内部卸压关键参数及各参量响应级度，提出了深部煤巷围岩外锚-内卸协同调控关键技术参数并进行现场工业性试验，构建了强采动煤巷"多位一体"总体矿压监测反馈方法并验证了协同控制技术的合理性，形成了深部强采动煤巷围岩外锚-内卸协同调控及新型囊袋调压监控的科学化控制原理与技术体系，研究成果为类似条件深部持续大变形巷道围岩稳定性控制提供技术借鉴。

1.3　主要研究内容与研究意义

1.3.1　主要研究内容

本书主要研究了深部实体煤巷与沿空煤巷两类巷道围岩大变形破坏机制、外锚-内卸协同调控原理方法、新型囊袋调压监控原理方法、合理的内部卸压关键参数及强采动影响下煤巷围岩外锚-内卸协同调控特征等内容，最终提出合理的外锚-内卸协同技术参数与控制方法，将所得成果应用于现场工程实践并阐明强采动影响下煤巷围岩卸压控制效果。本书采取的研究方法主要包括：（1）现场调研与实测；（2）理论分析；（3）物理相似模拟；（4）数值计算模拟；（5）现场工程试验等方法。最终形成了深部强动压煤巷围岩外锚-内卸协同调控及新型囊袋系统调控的科学化控制原理与技术体系。本书主要从以下几方面内容开展研究。

（1）揭示深部强采动大断面煤巷围岩持续大变形破坏机理。现场调研实测深部煤巷围岩常年持续大变形破坏特征、工作面回采煤巷围岩扰动影响程度与范围，确定煤巷两帮围岩大变形破坏机制。研究采动影响下煤巷围岩应力演化及变形破坏的响应规律，总结深部采动煤巷围岩控制的关键问题与难点，针对性提出实现深部煤巷围岩长期稳定性控制的改进方向。

（2）提出煤巷围岩外锚-内卸协同控制技术并阐明其作用原理。基于采动影响煤巷围岩畸变破坏机理，提出煤巷浅部围岩加强支护-注浆改性等外锚技术并阐明其作用原理，同时提出在两帮深部应力高峰区域开挖大型孔洞群的内部卸压技术并厘清其原理特征，明晰煤巷浅部围岩外锚与深部煤体内卸协同作用原理，形成煤巷围岩外锚-内卸协同控制技术原理方法。

（3）设计并研发可布置于内部卸压孔内的新型可缩胀囊袋调压系统。针对煤巷两帮煤体内部大型孔洞为复杂且不可视的卸压空间，设计并研发可布置于内部卸压孔内的新型施恒阻且可变阻适应功能的可缩胀囊袋调压系统，阐明囊袋系统组成及其工作原理方法，指出囊袋系统对恒阻抵御围岩变形及其监控内部卸压孔闭合度的重要作用，通过物理相似模拟试验方法研究外锚-内卸协控技术对抵御采动煤巷围岩变形及囊袋调压系统监控内部卸压孔闭合度的可行性。

（4）分析造穴参量对实体煤巷道卸压效果的响应规律。基于东庞矿12采区集中供液泵站硐室工程背景，构建能准确反映试验煤巷工程实际条件的 FLAC^{3D} 数值计算模型，研究不同卸压参数（卸压位置、卸压孔长度、卸压孔间距）下煤巷围岩垂直应力、偏应力的迁变规律，确定合理的内部卸压关键参数，阐明不同卸压位置对煤巷围岩卸压效果的三等级划分标准，得出不同内部卸压因素对实体煤巷围岩稳定性的影响程度分级。

（5）分析造穴参量对沿空煤巷卸压效果的响应规律。建立邢东矿千米深井强动压沿空掘巷的数值计算模型，探究不同造穴参量下（造穴深度、造穴长度、造穴排距）静、动压阶段巷道围岩垂直应力与偏应力的分布、演化特征，明晰11216运输巷受邻侧采空区侧向残余支承压力与本工作面超前采动应力影响的围岩增压规律，阐明11216运输巷围岩在两阶段的卸压规律，确定邢东矿11216运输巷造穴卸压参数，同时总结形成千米深井沿空掘巷围岩内部造穴卸压参数的确定原则。

（6）形成深部煤巷围岩外锚-内卸协同调控科学化控制原理与技术体系。提出深部煤巷围岩外锚-内卸协同调控总体技术方案并应用于现场工程实践，构建集煤巷围岩位移、锚索受力、单体柱受力、囊袋系统压力与囊袋系统流量等"多位一体"总体矿压观测及反馈方法，现场监测并验证外锚-内卸协同调控技术对煤巷围岩的控制效果，形成深部强采动煤巷围岩外锚-内卸协同调控及新型囊袋系统调压监控的科学化控制原理与技术体系。

1.3.2 研究意义

（1）获得了煤巷两帮深部煤体持续向外运移并作用于锚固围岩使其整体变形的联动破坏机理，提出了煤巷外锚-内卸协同控制技术，明晰了协控技术既不弱化浅部锚固围岩又可促使集中应力向两帮深部发生转移，揭示了外锚可限制内卸后深部煤体向煤巷运移、内卸可为外锚提供良好应力环境的作用机理。

（2）设计并研发了可布置于煤巷帮部大型卸压孔内具有施恒阻且可变阻适应功能的新型可缩胀囊袋调压系统，卸压孔围岩在囊袋初撑力下恒阻收缩且可为两帮深处煤体运移至锚固围岩提供让压补偿空间；确定了基于囊袋系统压力及流量可评估内部复杂不可视卸压空间闭合度，据此判识煤巷围岩控制效果并形成了"多位一体"卸压效果监测及反馈方法。

（3）建立了不同卸压参量（卸压位置、长度及间距）下实体煤巷道围岩三维数值计算模型，明晰了卸压孔内峰值、外峰值的应力分布、扩展、演化与煤巷卸压效果的响应规律，获得了合理卸压位置为 2 m 范围的应力高峰区内及不同参量对煤巷卸压效果的影响程度为卸压位置 > 卸压长度 > 卸压间距。

（4）构建了不同造穴参量下深井沿空煤巷数值计算模型，探究了静、动压阶段巷道-造穴孔双空间围岩垂直应力与偏应力的分布、演化特征，明晰了沿空掘巷围岩内部造穴卸压规律，阐明了深井沿空掘巷围岩"一静一动一远离""最差→有效→应力不变"的造穴深度与造穴排距的确定准则，形成了科学化确定深井强动压沿空煤巷围岩内部卸压参数的研究方法。

通过井下实测深入分析深部煤巷围岩应力及矿压数据，本书探索了深部煤巷两帮煤体由内向外整体结构性运移的大变形破坏机理，提出煤巷围岩外锚-内卸协同控制技术并阐明二者的相互作用机理，设计并研发新型施恒阻且可变阻适应功能的可缩胀囊袋调压系统，通过相似模拟及数值模拟的方法研究外锚-内卸协同控制技术的可行性，获得各内部卸压因素对煤巷围岩卸压效果的响应规律及合理的内部卸压关键参数。提出深部煤巷围岩外锚-内卸协同调控关键技术参数并进行现场工程试验，基于构建"多位一体"总体矿压观测方法分析反馈强采动影响下煤巷围岩卸压控制效果，形成深部煤巷围岩外锚-内卸协同调控及新型囊袋系统调控的科学化控制原理与技术体系。

2 深部煤巷围岩矿压显现特征与稳定性分析

深部煤巷从大的视角上进行划分可分为实体煤巷道与沿空煤巷两类煤巷，根据其服务范围及其用途，又可分为开拓巷道、准备巷道和回采巷道。因此，为了全面准确掌握深部煤巷围岩的变形规律、破坏特征以及破坏机制，本书选取东庞矿12采区集中供液泵站硐室（实体煤巷道、准备巷道）与邢东矿千米深井11216运输巷（沿空掘巷、回采巷道）典型地质工程条件，阐明深部煤巷矿压显现特征，对引起深部煤巷围岩稳定性控制的关键难点进行分析，结合矿压测试结果综合揭示了深部强采动煤巷围岩持续大变形破坏机制。基于此，分析了深部采动煤巷围岩稳定性控制存在的关键问题，从抵御围岩变形破坏的本质与机理出发明晰了实现采动影响煤巷长期稳定控制的改进方向。

2.1 深部典型煤巷矿压显现特征

根据调研数据整理两条典型巷道围岩的变形情况，总结分析深部煤巷的矿压显现特征，为其巷道围岩控制方向与技术思路提供基础。两条巷道分别为东庞矿12采区集中供液泵站硐室（实体煤巷道）与邢东矿千米深井11216运输巷（沿空掘巷），两条典型巷道具有不同的生产条件，东庞矿12采区集中供液泵站硐室为实体煤巷道，随着工作面不断推进，该巷道与工作面距离逐渐减小，巷道逐步进入工作面动压影响范围，巷道围岩控制难度较大。邢东矿千米深井11216运输巷为沿空掘巷，埋藏深度大，承受的静压与动压程度均较大。根据现场调研，巷道的地质生产条件简述如下。

2.1.1 东庞矿12采区集中供液泵站硐室地质条件与矿压特点

东庞矿2号煤层21215工作面位于12采区左翼，工作面西北与21213工作面采空区相邻，东北到12采区集中供液泵站硐室及12采区三条大巷（12采区轨道大巷、12采区运输大巷、12采区回风大巷），东南与21217工作面采空区相邻，西南至−480水平北翼皮带巷。

12采区集中供液泵站硐室主要服务于12采区各采煤工作面，如图2.1所示，预计服务时间仍有7~8年。硐室断面为宽5.0 m、高3.0 m的大断面矩形巷道，

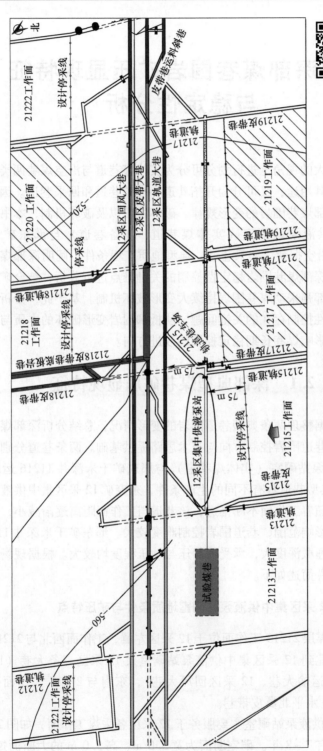

图 2.1　12 采区集中采站硐室布置图

沿 2 号煤层顶板布置,平均埋深约为 660 m。12 采区集中供液泵站硐室位于正在回采的 21215 大采高工作面与 12 采区的三条大巷之间,距 12 采区轨道大巷及 21215 工作面设计终采线的距离均为 75 m。

未受 21215 大采高工作面回采扰动影响时,12 采区煤巷两帮围岩常年发生持续性变形破坏,如图 2.2 所示,需专门安排施工队伍对其进行不间断扩刷整修(每 2~4 个季度扩刷整修一次),以维持巷道基本运行,导致支护成本居高不下。21215 大采高工作面回采过程中,位于工作面设计终采线与试验煤巷之间处于同一水平的运架通道已完全闭合,工作面前方区段运输平巷两帮围岩变形观测结果如图 2.3 所示。变形量观测设备为 JSS30A 型数显收敛仪,如图 2.4 所示。由图 2.3(b) 可知,21215 大采高工作面回采过程中前方 130 m 范围内两帮围岩移近量均超过 1.0 m,工作面前方 75 m 位置处区段平巷两帮变形量超过 2.0 m,由此看出,受 21215 大采高工作面的剧烈动压扰动影响,工作面超前段巷道围岩矿压显现剧烈,且围岩受大采高工作面的扰动影响范围远超过 130 m。

(a)   (b)

图 2.2　两帮围岩发生变形破坏
(a) 帮部大变形破坏;(b) 锚索支护失效

2.1.2　邢东矿千米深井 11216 运输巷地质条件与矿压特点

11216 运输巷尺寸为宽 5.0 m、高 3.5 m 的矩形巷道,为沿煤层顶板掘进的沿空掘巷,煤层平均厚度为 4.58 m,煤层伪顶为铝土质泥岩(0.8 m),直接顶为粉砂岩(3.7 m),基本顶为细砂岩(5.5 m),运输巷下方为厚度 1 m 的遗煤,煤层直接底为粉砂岩(1.9 m)。11216 运输巷邻侧为已开采的 11214 工作面,

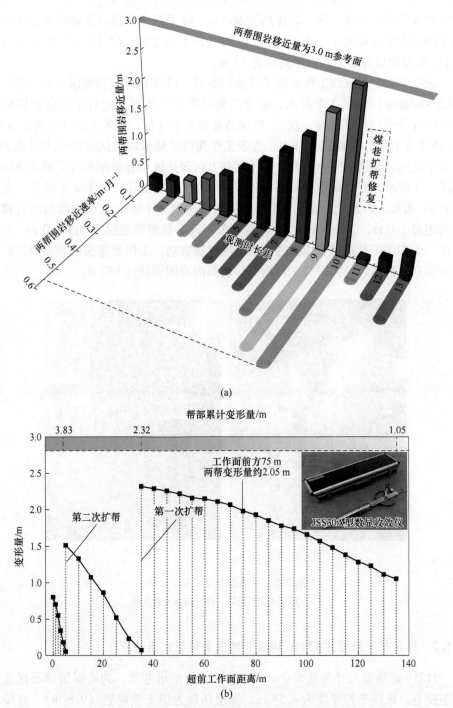

(a)

(b)

图 2.3　21215 工作面周围巷道围岩变形量观测结果

（a）未经历工作面扰动时煤巷围岩变形量；（b）21215 工作面超前不同位置处巷道围岩变形量

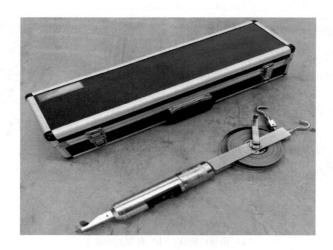

图 2.4 JSS30A 型数显收敛仪

11214 工作面与 11216 工作面采空区均采用高水材料充填方式处理，区间煤柱宽度为 6.0 m，如图 2.5 所示。

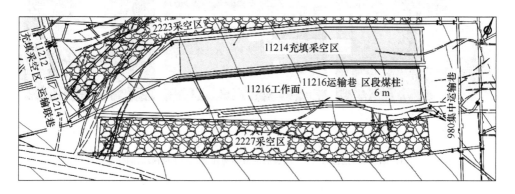

图 2.5 11216 工作面采掘工程平面图

调研发现邢东矿回采巷道矿压特点如下。

（1）顶板：从顶板围岩支护结构损毁情况来看，顶锚杆与顶锚索均发生不同情况的断裂（见图 2.6、图 2.7），槽钢与钢筋梁也出现弯曲与断裂现象（见图 2.8），局部位置的金属网被撕裂，主要发生在靠帮位置。从顶板围岩变形形态来看，各巷道顶板主要表现为弯曲下沉（见图 2.9），即顶板中心下沉量最大，变形后的轮廓线呈"弓形"［见图 2.9(a)］；在顶板较弱（有伪顶）的巷道（如 11214 运输巷），其靠近巷帮的顶板伪顶被帮部围岩变形影响而发生局部变形，变形后的轮廓线呈小"勺形"［见图 2.9(b)］。

（2）两帮：巷道两帮变形、支护结构损毁情况如图 2.5 所示。从两帮支护结

(a)　　　　　　　　　　　　　　(b)

图 2.6　损毁的锚杆结构
（a）顶锚杆断裂；（b）断裂后的托盘

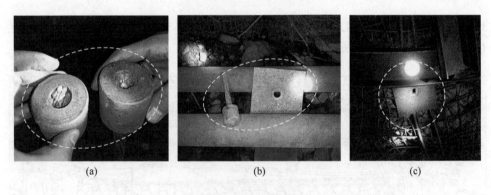

(a)　　　　　　　　　　(b)　　　　　　　　　　(c)

图 2.7　损毁的锚索结构
（a）断裂后的索具；（b）断裂后的索体与托盘；（c）断裂后的托盘

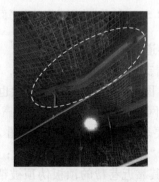

图 2.8　破坏的护表结构（槽钢被压弯）

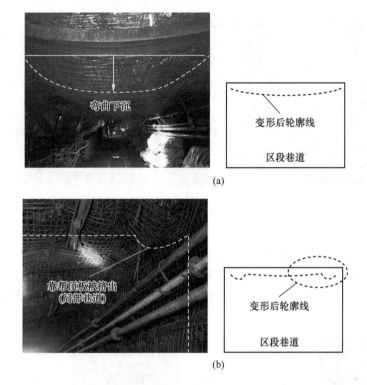

图 2.9 顶板变形情况与变形形态示意

（a）弓形；（b）勺形

构损毁情况来看，破坏主体为钢筋梁与金属网：钢筋梁被拉断，金属网撕裂（见图 2.10、图 2.11）。从两帮围岩变形形态来看，帮部变形量很大，其变形轮廓线主要呈现四种形态：1）巷帮整体被挤出，受锚杆（索）支护与破碎煤体影响，

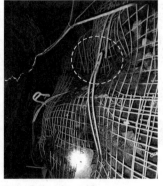

图 2.10 损毁的钢筋梁（钢筋梁被拉断）

图 2.11　断裂的金属网

轮廓线呈"波浪形"[见图 2.12(a)]；2) 巷帮中上部煤体被挤出，呈大"勺形"，勺头靠上 [见图 2.12(b)]；3) 巷帮中部煤体被挤出，呈"凸"形 [见图 2.12(c)]；4) 巷帮中下部煤体被挤出，呈大"勺形"，勺头靠下 [见图 2.12(d)]。

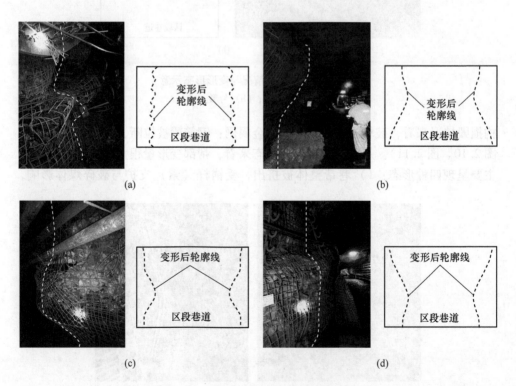

图 2.12　巷帮变形情况与变形形态示意
(a) 整体挤出；(b) 中上部挤出；(c) 中部挤出；(d) 中下部挤出

现场调研显示，两矿深部煤层巷道服务期间均需进行多次扩刷整修，无论是实体煤巷道抑或沿空煤巷，常年不间断扩刷修复已成常态，使得巷道维护费用显著增加，图 2.13 为邢东矿典型巷道的整修现场。

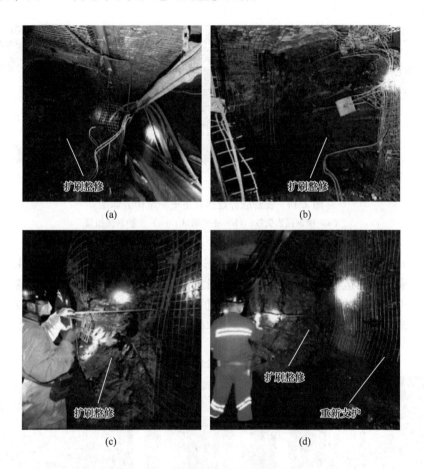

图 2.13　邢东矿典型巷道整修现场

（a）11235 运料巷（沿空掘巷）煤柱帮、埋深约 688 m；（b）11231 运输巷（实体煤巷道）
非回采帮、埋深约 740 m；（c）12216 运输巷（沿空掘巷）实体煤帮、埋深约 868 m；
（d）11214 运输巷（沿空掘巷）煤柱帮、埋深约 970 m

2.2　深部煤巷围岩控制关键难点

通过对两矿进行调研分析，将煤巷围岩稳定性控制的关键难点总结如下。

（1）深部复杂地质条件：深部煤巷围岩应力场复杂、煤体蠕变及煤层表现出典型的松软、破碎[5,11]等特征，易导致煤巷围岩发生漏冒、锚网支护困难、自稳能力差、围岩持续大变形等现象，使其总体呈现变形量大、承载能力差、整体来压快、持续变形时间长等特征，煤巷围岩控制难度增大。以东庞矿为例，其深部煤巷周围巷道支护系统破坏如图 2.14 所示。

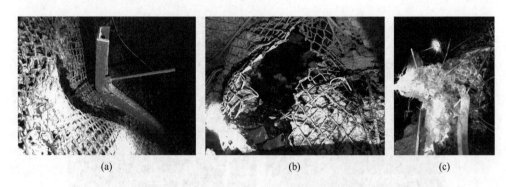

(a)　　　　　　　　　　　　(b)　　　　　　　　　　　　(c)

图 2.14　深部软碎煤体巷道支护结构破坏图
（a）槽钢锚索失效；（b）兜网破坏；（c）支护系统损毁

（2）工作面强采动影响：东庞、邢东两矿井下工作面开采高度达到 4.5 m 以上，开采后覆岩运移活动强烈，工作面强扰动范围达 100 m 以上，造成巷道发生大范围的破坏。例如，邢东矿即使超前支护段采用迈步式液压支架，如图 2.15（b）所示，动压扰动范围内巷道围岩破碎煤体极易产生大变形［见图 2.15（c）］。

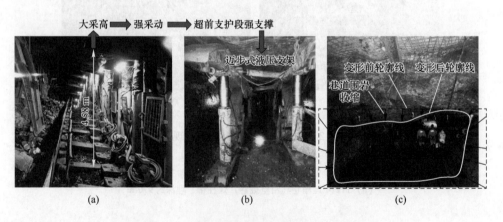

(a)　　　　　　　　　　　　(b)　　　　　　　　　　　　(c)

图 2.15　大采高工作面引起的超前强采动应力
（a）11216 大采高工作面；（b）超前段强支护；（c）11216 运料巷动压影响区大变形

东庞矿 21215 大采高工作面的动压扰动影响范围更是远超 130 m，工作面前方 130 m 位置处区段巷道随处可见网兜、围岩剧烈破坏等现象，如图 2.16 所示。然而，21215 工作面设计终采线距离 12 集中供液泵站硐室仅为 75 m，因此当相邻大采高工作面回采至设计终采线附近时，试验煤巷必将受其强采动影响，极易导致煤巷围岩大变形破坏，甚至引发灾害性事故。

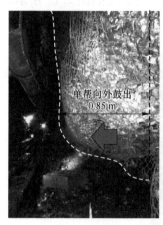

图 2.16 强采动影响下工作面前方 130 m 处区段巷道破坏图

（3）大断面引起煤巷围岩应力和变形增大：所调研矿井试验煤巷断面面积均在 15 m² 以上，研究结果[195-196] 表明，巷道断面增加使顶应力和变形程度呈平方和立方关系增长，导致围岩应力环境不断恶化；上位岩层重量逐渐向煤巷两帮大幅转移，造成帮部煤体内的集中高应力，围岩易开裂且塑化，破碎范围显著增大，锚杆索锚固力得不到保证，导致煤巷围岩控制难度增大。

鉴于此，不得不采取合理有效的控制措施抵御煤巷围岩的持续变形，以保障煤巷在各待回采工作面生产过程中的继续使用；同时需深入分析深部强采动煤巷围岩大变形破坏机理，针对性提出适宜的卸压控制方法与改进技术方向。

2.3 深部煤巷帮部围岩持续大变形破坏机制

矿压结果表明：煤巷在静压影响阶段巷帮煤体即产生持续变形，变形速率相对较小，随着工作面强动压影响，巷帮煤体加速变形，短时间内即鼓出大量煤体，且锚杆（索）结构随煤体同时运动，即巷帮锚固区煤体发生了整体运移；顶板随动压影响整体变形不大，其主要受巷帮煤体变形影响（浅部煤体鼓出、被压缩）而发生整体下沉。以典型的深部煤巷（东庞矿 12 采区集中供液泵站硐室）现场数据实测为例分析深部煤巷帮部围岩持续大变形破坏机制。

东庞矿深部 12 采区煤巷采用强力锚杆索支护系统、注浆加固改性等高强综合控制技术后，仍无法避免支护系统损毁及围岩持续大变形现象，仅是将扩刷整修的间隔时间延长，导致支护成本居高不下，严重制约了矿井安全的高效生产；

同时，试验煤巷即将受到相邻大采高工作面的强采动影响。为了探究深部煤巷两帮围岩常年持续大变形破坏的作用机理，采取现场矿压实测的方法对围岩持续变形期间的帮部不同长度锚索的受力进行了动态观测。现场实测如图 2.17 所示，测量仪器为数显型锚索测力计，如图 2.18 所示。

图 2.17　现场实测图

图 2.18　数显型锚索测力计

　　现场矿压观测方案如下：选取 12 采区煤巷两帮同一高度煤体内布置相同直径、不同长度的锚索（未采取围岩改性情况下），选取 4.0 ~ 15.0 m 多根长度不等的锚索，长期监测煤巷两帮围岩持续变形状态下锚索的受力变化规律，其结果如图 2.19 所示。

　　由图 2.19 可知，煤巷两帮围岩持续大变形过程中，与围岩变形相对应的帮

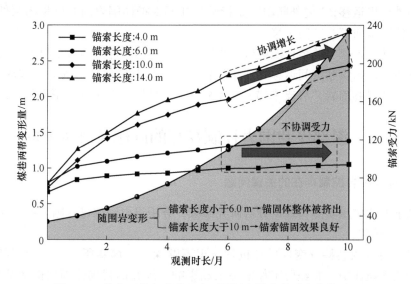

图 2.19 煤巷两帮变形进程中不同长度锚索的受力曲线对比

部不同长度锚索的受力变化规律却截然不同，其主要表现出如下差异化特征：（1）锚索长度为 4.0 m 及 6.0 m 时锚索受力变化近似一致，整体表现出与围岩变形相互不协调的受力特征，即两帮围岩变形持续增加进程中锚索受力一直维持较稳定的状态，这显然与两帮围岩矿压显现不同步、不协调。（2）当锚索长度增大至 10 m 时，锚索受力变化规律与锚索长度为 4.0 m 及 6.0 m 时显然不同，此时在两帮围岩持续变形进程中锚索受力在一定程度上也呈现出逐渐增加的趋势，此时的锚索能够发挥锚固围岩、限制围岩鼓出变形的作用。（3）当锚索长度继续增大至 14 m 时，锚索受力相比于锚索长度为 10 m 时变化较大，锚索受力最大可达 238 kN，整体表现出与两帮围岩变形趋势相一致的协调受力特征，由此看出长度为 14 m 的锚索显著发挥了良好的围岩锚固效果。

综上所述，当锚索长度较小时（<6 m），煤巷两帮围岩破坏范围将超出锚索支护的作用范围，煤巷两帮浅部锚索锚固体内围岩将整体被深部煤体挤出，即浅部锚索锚固体发生整体结构性挤出变形。当锚索长度大于 10 m 时，锚索方可发挥一定程度的锚固作用，且当锚索长度增大至 14 m 时，锚索锚固效果最好。

由此总结得出，12 采区煤巷两帮围岩破坏深度范围大（超过锚固体深度），浅部锚固支护结构整体被挤出进而引起围岩持续大变形。从中总结形成了深部强采动巷道两帮深部区域煤体整体向煤巷空间运移并作用于锚固支撑系统的大变形联动破坏机制，即煤巷"外支未锚、锚体外移、内外联动"破坏机理。其中，"外支未锚"是指布置在煤巷浅部的锚杆索支护体没有发挥对两帮围岩的有效锚固作用；"锚体外移"是指浅部锚杆索支护形成的大范围锚固体围岩被深部煤体整体向外挤出运移；"内外联动"是指两帮外部支护体围岩的变形是随深部塑化煤体整体同步向煤巷空间运移。

基于此深入思考并结合现场试验测试结果，揭示了深部强采动煤巷两帮深部区域煤体持续向煤巷空间运移并作用于锚固围岩使其整体变形的联动破坏机制，形成了深部煤巷围岩"外支未锚、锚体外移、内外联动"的大变形破坏机理。

2.4　深部煤巷围岩控制存在的问题及改进方向

2.4.1　煤巷围岩控制存在的关键问题

基于上述矿压实测与理论分析研究结果，分析得出深部煤巷围岩控制主要存在以下关键问题。

（1）深部煤巷持续变形破坏机理认识不够深入：煤巷所处环境为深部高应力复杂软碎煤体中，并经历工作面强采动影响，煤巷两帮煤体围岩破坏范围大，超出了普通锚杆索的锚固范围，导致煤巷两帮深部区域煤体整体向煤巷空间运移并作用于锚固支护体围岩的变形破坏机制，矿方对围岩变形破坏机理认识不深入。

（2）深部煤巷围岩-支护体作用机理认识不够深入：矿方未探明巷帮围岩结构体与支护体的相互作用机理，针对煤巷常年持续大变形特征，仍采用常规锚杆索进行支护，由于两帮围岩破坏范围大使锚索端头位于塑化损伤煤体中，因此锚索没有发挥出良好的锚固效果，需针对性提出适宜深部高集中应力且可抵御围岩持续变形的卸压控制技术方案。

（3）围岩控制思路不适宜：针对煤巷两帮深部区域煤体整体向外运移并作用于锚固体围岩的持续大变形破坏机理，仅采用传统的加强支护、注浆加固改性措施已不适用于深部强采动大变形煤巷的长期稳定控制，需针对此条件下的大变形破坏规律，提出与该破坏机理相互匹配、适宜的卸压技术，进而与煤巷加强支护技术相互协同，促使煤巷长期保持稳定。

2.4.2　煤巷围岩控制的改进方向

基于强采动影响下煤巷两帮深部区域煤体持续向煤巷运移并作用于锚固围岩使其整体变形的联动破坏机制，分析得出：仅采取常规的加强支护技术方法已不适用于两帮深部煤体结构性整体挤出变形的煤巷围岩控制，从强采动煤巷围岩持续大变形破坏的本质与机理及煤巷围岩整体应力环境出发，提出可改善巷道围岩应力环境的内部卸压技术，由此综合提出了实现强采动大断面煤巷围岩稳定控制的外锚-内卸协同控制技术，该技术架构如图2.20所示。

深部煤巷围岩外锚-内卸协同控制技术中，外锚是指在煤巷浅部采取高强度

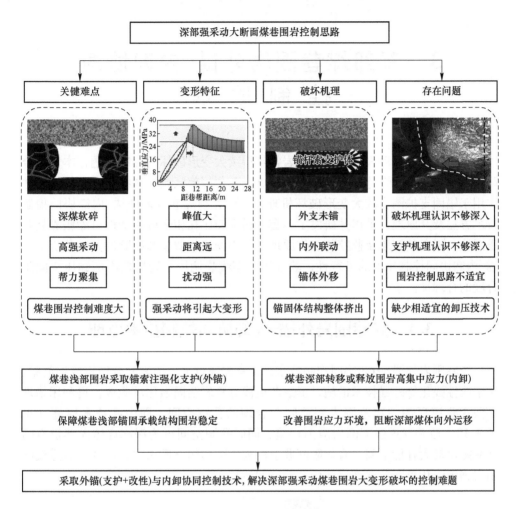

图 2.20　深部煤巷围岩控制技术架构

综合锚固控制措施，提升煤巷浅部锚固体围岩的强度与承载力；内卸是指通过在煤巷两帮煤体内部实施造穴卸压技术将帮部围岩聚集的高集中应力转移或释放，从而改善煤巷围岩整体应力环境。外锚-内卸协同控制技术可抵御深部强采动大断面煤巷两帮围岩大变形，实现深部煤巷围岩稳定性控制。

3 深部煤巷围岩外锚-内卸协同控制原理

针对深部强采动大断面煤巷围岩常年持续大变形破坏的控制难题，本章结合第2章总结得出的煤巷围岩控制关键难点及两帮深部区域煤体结构性整体挤出并作用于锚固支护围岩的大变形破坏机理，主要介绍煤巷围岩外锚-内卸协同控制技术方法及其原理，提出并研发了一套与内部卸压孔相适应的新型可缩胀囊袋调压系统，阐明其卸压及监控的工作原理；运用物理相似模拟试验的方法分析了外锚-内卸协同控制技术的可行性，验证了新型囊袋调压系统监控内部卸压空间闭合度的合理性。

3.1 煤巷围岩外锚-内卸协同控制技术原理

煤巷围岩外锚-内卸协同控制技术是指首先通过强力锚索配合槽钢或钢筋梁、注浆改性强化等外锚技术措施，形成巷道浅部围岩锚固强化承载体，再利用物理手段在巷道深部一定范围内制造间距合理的孔洞空间，即内卸技术措施（见图3.1），改善巷道浅部围岩应力环境，同时孔洞空间可为深部煤体向巷道空间转移提供较大补偿空间，有效阻断巷道围岩大变形的介质来源，此外，巷道浅部围岩强度强化可限制浅部煤体向孔洞空间运移。

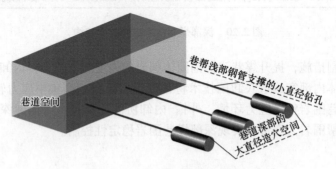

图3.1 造穴孔洞布置示意图

由于不同矿井外锚的形式非常丰富多样，考虑到篇幅限制，本节主要以东庞矿12采区集中供液泵站硐室为工程背景，开展深部煤巷围岩外锚-内卸协同控制原理研究。

3.1.1 煤巷浅部围岩外锚原理

基于强采动影响下深部软碎煤体巷道两帮围岩持续大变形破坏特征，提出东庞矿12采区煤巷两帮浅部围岩采取高强高预紧力锚索梁桁架强化（锚索配套双股钢筋梯子梁）与注浆改性强化等联合控制技术，本节主要介绍煤巷加强支护-注浆改性的外锚原理。

3.1.1.1 帮部锚杆索联合加强支护原理

煤巷顶板及两帮采取高强高预紧力长锚索配套双股钢筋梯子梁进行支护后，可将煤巷围岩划分为如图3.2所示的2个区域：锚杆预应力锚固圈，为A区；高强锚索梁桁架锚固圈，为B区。

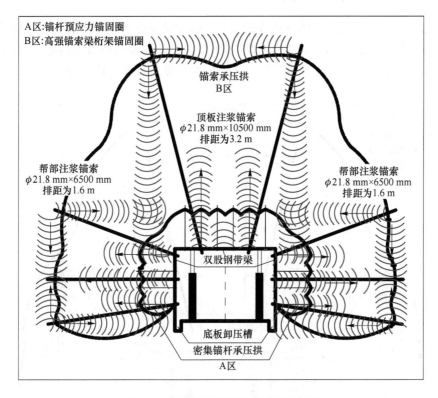

图3.2 煤巷浅部围岩加强支护原理图

A区中锚杆预应力锚固圈的形成，可有效控制区域内围岩离层、滑动、裂隙张开及新裂纹产生等扩容变形，锚固圈内围岩处于受压状态，抵御围岩再次出现破坏，保障锚固圈内围岩整体强度及其稳定性。锚杆与钢筋梯子梁、金属网及托盘等护表构件相互配合使其预应力扩散至更深处围岩中，综合提升锚杆预应力锚固圈内围岩强度及其承载能力。B 区的高强锚索梁桁架锚固圈促使 A 区内形成的锚杆预应力锚固圈与深部围岩相连接，促使顶帮围岩处于多向压应力状态，不仅提升了锚杆预应力锚固圈的抗变形破坏性能及稳定性，而且调动了深部围岩的承载能力；其次，倾斜布置的顶帮高预紧力长锚索斜穿过最大剪应力区且作用范围大，其锚固点位于大断面煤巷肩角深处不易破坏的三向受压岩体内，"锚索梁桁架"结构为发挥高预紧力长锚索的锚固力提供了稳固的承载基础；倾斜布置的高强长锚索与双股钢筋梯子梁、方形大托盘等共同作用可挤压两帮煤体中的节理、裂隙、层理等，增加不连续面的抗剪能力，高强锚索梁桁架锚固圈内围岩共同作用形成一个整体承载结构，共同抵御围岩变形及破坏。煤巷围岩加强支护原理如图 3.2 所示。

3.1.1.2　围岩注浆改性原理

基于煤巷顶帮围岩一体化注浆改性与加强支护综合作用下形成 C 区，即注浆扩散圈，如图 3.3 所示。浆液充分均匀渗透至 C 区围岩内部微小裂隙，将松散、破碎、软弱煤体充填固结密实[102]，封堵裂隙通道，与煤岩体充分胶结形成整体

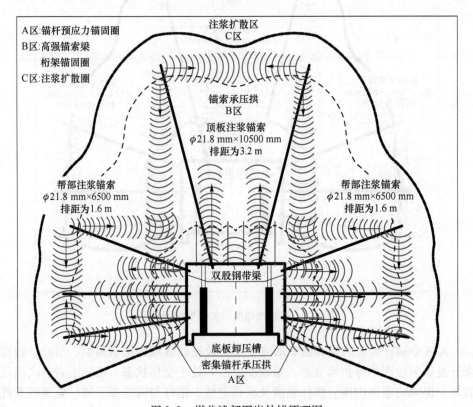

图 3.3　煤巷浅部围岩外锚原理图

高强密实承载结构，实现了浆液与围岩内部裂隙的置换，进而改善围岩结构力学性能，保障煤巷围岩的强度与承载能力，减小两帮煤体围岩破碎区及塑性区的范围，控制煤巷围岩破碎区的发展，提高 C 区围岩强度和锚索锚固力。基于强化煤巷浅部围岩结构力学性能，由顶帮倾斜锚索及钢筋梯子梁共同组成的"锚索梁桁架"结构能有效控制顶板及两帮浅部锚固区围岩，限制煤巷围岩变形，强化大断面煤巷深部围岩支护圈。巷内双排单体柱可形成顶底板双向强支撑结构，煤巷空间上方岩层重量由巷内单体支柱与两帮注浆锚索支护-改性煤岩体共同承担，双排单体支柱与围岩共同组成一个承载结构体系，有效抵御强采动期间大断面软碎煤体巷道围岩的大变形。基于强主动支护-注浆改性形成煤巷围岩与支护体系共同组成的锚索注强化承载结构圈，即外锚圈，充分利用改性围岩及加强支护体系的自身承载能力，改善巷道近表围岩的应力状态，且控制围岩裂隙产生、扩展与贯通，大幅提升了煤巷浅部锚固支护结构体围岩强度，为开展内部造穴卸压创造了良好的施工环境。

3.1.2 煤巷深部煤体内卸原理

基于煤巷浅部围岩加强支护-注浆改性等综合外锚技术，为深部大断面煤巷围岩开展内部造穴卸压技术创造了良好的应力环境，本节提出在煤巷两帮深部应力高峰区域煤体中通过水力造穴形成大型孔洞的内部卸压技术，主要介绍内部卸压技术方法与原理。

钻孔卸压技术是在两帮煤体内布置钻孔通过弱化围岩实现煤帮集中应力向深部区域转移，进而实现巷道围岩卸压的技术，钻孔卸压技术会对煤巷两帮浅部锚固承载结构围岩强度、支护结构体的稳定性产生一定程度的扰动及损伤影响；鉴于此，本节提出的内部卸压技术中浅部小直径钻孔采取钢管支撑护壁技术。研究表明，当巷道两帮钻孔内采取钢管支撑护壁技术后，浅部锚固体围岩塑性区约为无钢管支撑时的 $1/8 \sim 1/5$，因此，巷道两帮钻孔中内置钢管支撑护壁具有显著地抵御钻孔围岩塑化破坏的作用；钻孔内部套入钢管后其围岩位移约为钻孔内无钢管套入时的 $1/10$，因此，钻孔内采取钢管支撑护壁技术使浅部小直径钻孔围岩近似不发生位移。总之，煤巷两帮钻孔内置钢管支撑护壁技术保护了浅部小直径钻孔周围煤体不发生大范围塑化破坏，保障了煤巷浅部锚固承载结构体围岩的稳定性。

内部卸压方法是指在煤巷两帮煤体深部应力高峰区域进行内部大型孔洞造穴的卸压技术，主要包括：（1）确定煤巷两帮煤体外侧小直径钻孔的位置及其钻孔深度；（2）在煤巷两帮浅部小直径钻孔内置入钢管进行护壁以形成围岩内强主动支撑结构；（3）确定煤巷两帮煤体内部大型卸压孔的合理位置位于两帮围岩应力高峰区域内。巷道两帮煤体内部大型造穴卸压孔与浅部小直径钻孔布置对比如图 3.4 所示。

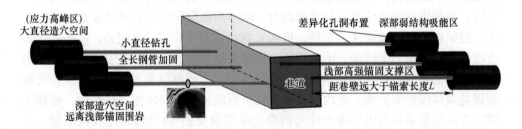

图 3.4　巷道两帮煤体内部卸压孔布置示意图

内部卸压技术原理具有以下特征：（1）煤巷两帮内部大孔洞造穴卸压，巷道两帮大型卸压孔位于围岩深部应力高峰区内，通过在帮部围岩聚集的高应力峰值区域内造穴形成大型卸压孔洞群，保障内部卸压孔远离巷道浅部锚固承载结构体围岩；（2）不破坏浅部锚固区围岩结构稳定性，巷道浅部小直径钻孔内采区全长钢管支撑加固可保护锚固区域围岩结构不被钻孔弱化，避免因浅部钻孔的变形与卸压作用破坏巷道围岩的整体稳定性，同时可在煤巷浅部锚固区域围岩形成强主动支撑结构，因此内部卸压后巷道浅部支护体围岩仍可发挥良好的承载能力；（3）原支承压力峰值向深部转移，基于煤巷两帮煤体内部应力高峰区域开挖卸压孔形成弱结构卸压带并吸收围岩高集中应力，使围岩支承压力峰值转移至造穴孔洞实体煤侧，且巷道采取内部卸压后将使重新分布形成的应力集中区围岩的塑化运移转移至无支护的内部造穴孔弱结构区域，从而实现对煤巷围岩的卸压作用。煤巷两帮煤体内部卸压技术中，其内部卸压位置、孔洞布置方式、应力转移效果、围岩破坏等原理特征如图 3.5 所示。

3.1.3　煤巷围岩外锚-内卸协同原理

为了实现深部强采动大断面煤巷围岩稳定，除了转移煤巷周围高集中应力外，保障煤巷浅部锚固承载结构围岩稳定至关重要，因此提出了外锚-内卸协同控制技术，可将该协同技术凝练出"固结修复、桁索强锚、让压补偿、应力转移、内外协同"等控制机理，巷道围岩外锚-内卸协同控制原理如图 3.6 所示。

（1）"固结修复"指注浆提高了深部软碎煤体围岩自身强度和变形模量，有助于围岩表面应力扩散，改善大断面煤巷浅部围岩应力状态，有效限制强采动影响下煤巷围岩塑性区的发展，提升围岩的自身承载能力，有利于促进煤巷围岩保持稳定。

（2）"桁索强锚"指"锚索梁桁架"支护系统锚固点位于煤巷两肩角深部不易被破坏的三向受压岩体内，为发挥强锚固力提供了稳固的承载基础，其施加的

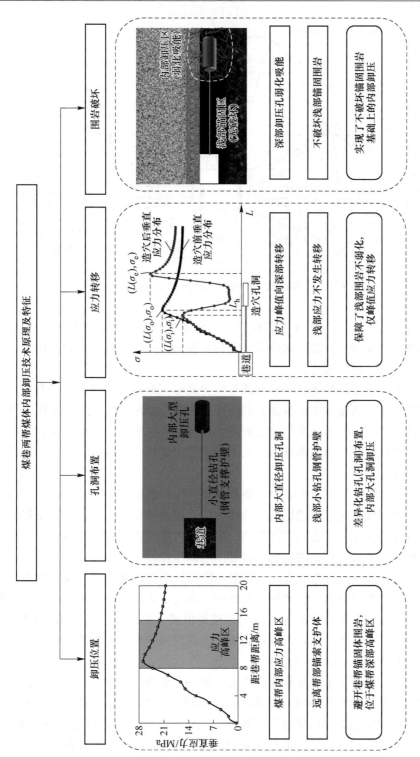

图 3.5 巷道围岩内部卸压技术特征

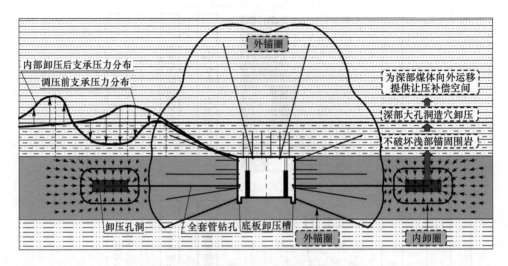

图 3.6 巷道围岩外锚-内卸协同控制原理图

复向预应力迫使顶帮煤岩体处于多向压应力状态，提高了围岩强度和抗变形能力，锚索斜穿过煤帮上方最大剪应力区且与双股钢筋梯子梁联接作用范围大，能有效抵御围岩发生剪切破坏。

（3）"让压补偿"指通过在煤巷两帮应力高峰区域布置内部卸压孔洞群，大幅削弱煤帮原应力高度集中区域围岩的强度，形成煤巷两帮围岩内部卸压弱化结构圈，应力高峰区内卸压孔洞群的布置可为煤巷两帮深部煤体持续向煤巷空间运移提供让压补偿空间，阻断两帮深部围岩变形能向煤巷空间的传递进程，从而促使煤巷围岩实现安全及稳定。

（4）"应力转移"指基于煤帮内部布置卸压孔洞群使原应力高度集中区域围岩变形能部分释放，引起煤巷围岩支承压力的重新调整与分布，内部卸压促使原支承压力峰值转移至卸压孔洞实体煤侧，即通过内部造穴引起煤巷围岩高集中应力峰值向围岩更深处转移，进而实现煤巷围岩卸压控制。

（5）"内外协同"指巷道浅部围岩强化锚固且小直径钻孔钢管支撑加固能大幅降低煤巷锚固区煤体力学性能的劣化程度，远离锚固区的应力高峰区布置内部卸压孔洞群为深部煤体持续向煤巷空间运移提供较大的让压补偿空间，外锚-内卸协同控制技术既保障了煤巷浅部锚固承载区域围岩结构不发生破坏，同时又实现了围岩的有效卸压，减少煤巷围岩变形量。

总之，为了维护强采动煤巷围岩稳定，第一，要进行主动支护；第二，由于主动支护不能改变围岩大环境，因此提出了外锚-内卸协同控制技术。其中，外锚可限制内卸后深部煤体向煤巷空间运移，内卸可为外锚提供良好的应力环境，外锚与内卸二者协同不仅转移了煤巷周围高集中应力，也保障了浅部围岩的稳定性。煤巷围岩外锚-内卸协同控制技术践行了深部复杂困难条件下巷道的主动支护、主动改性、主动卸压"三位一体""三主动"协同控制理念[102]，可促使大断面煤巷围岩长期保持稳定，克服深部大变形巷道（采取常规钻孔卸压技术、松动爆破卸压技术时）围岩卸压与浅部锚固体围岩稳定性的矛盾，解决深部高应力强采动大变形煤巷围岩控制难题。深部煤巷围岩外锚-内卸协同控制技术原理架构如图3.7所示。

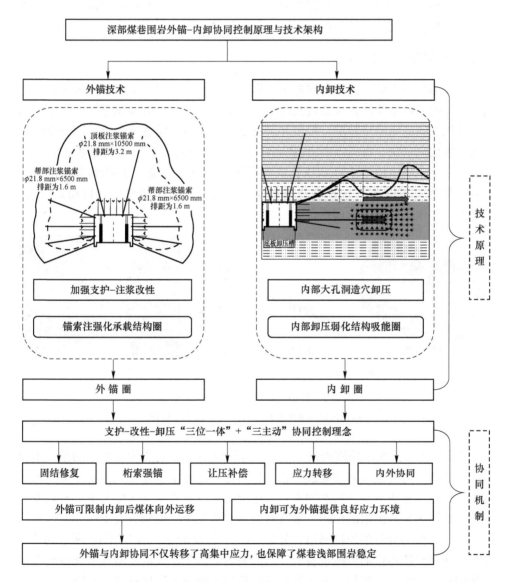

图3.7 煤巷围岩外锚-内卸协同控制技术原理架构

3.2　新型囊袋调压系统监控方法及原理

基于内部卸压方法中位于煤巷两帮煤体内部大型卸压孔洞的复杂且不可视性等特征，提出了一种新型的可布置于内部大型卸压孔内具有施恒阻且可变阻适应功能的可缩胀囊袋调压系统（发明专利授权号：ZL202010193641.9 与 ZL20201064 8776.X），用以恒阻抵御围岩变形及监控内部卸压调控效果，本节主要介绍新型囊袋调压系统的组成、方法及工作原理。

3.2.1　囊袋系统的主要组成

内部卸压方法中，主要发挥卸压作用的大型孔洞空间位于煤巷两帮深部应力高峰区域内，两帮煤体内部造穴孔洞是一种复杂且不可视的卸压空间。为了评判内部卸压空间的闭合度状况，提出并研发了一套新型的煤巷两帮内部卸压空间围岩闭合度监测系统，即具有施恒阻且可变阻适应功能的新型可缩胀囊袋调压系统，该系统主要由位于内部卸压孔内的承压及其连接设备（包括囊袋、水流管道）与外侧监测设备（包括囊袋指针型压力表、数显型流量计、自动卸压阀、开关等）组成，如图 3.8 所示。

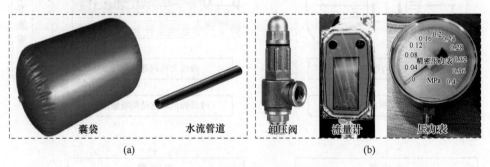

图 3.8　新型囊袋调压系统的主要组成
（a）内侧承压及连接设备；（b）外侧监控设备

在图 3.8(a) 所示的围岩内侧承压及连接设备中，囊袋为该系统的核心组成部分，安装时将其呈收缩态囊袋束紧并从钻孔外侧由牵引导杆延伸至深部造穴孔洞内；当注水完成后呈膨胀态的囊袋开始承压，在囊袋系统初撑力下可有效发挥对造穴孔洞围岩施恒阻的作用。水流管道是囊袋系统中内侧囊袋承压体与外侧压力与流量等监测设备的连接通道，分为 PVC 水管及钢管。图 3.8(b) 所示的巷道外侧与囊袋系统相连的监控设备中，压力表的数值是反映内部造穴空间围岩变形破坏剧烈程度的重要指标之一，其记录的囊袋系统压力变化可反映注满水后内部囊袋系统受围岩挤压条件下的收缩及卸压状况，根据囊袋系统在经历工作面采动影响期间围岩的稳压状态，可实时评判煤巷围岩内部卸压的整体效果，压力表分指针型压力表及电子数显型压力表。流量计与压力表相近，同为反映内部造穴空间变形收缩程度的重要指标，其直接记录囊袋系统存储水流的体积及其后期因内部造穴空间逐渐收缩闭合进程中卸压水流的体积，综合流量计与压力表的数据可评估内部卸压空间的闭合度。自动卸压阀是囊袋系统注满水后抵御围岩变形的重要部件，通过调节设定卸压阀的压力能够实现对施恒阻囊袋系统的可变阻功能，根据卸压阀的压力可直接表征囊袋系统施恒阻的作用效果。开关是囊袋系统的辅助构件，安装在连接管道与外侧压力与流量等监测设备之间，当注水过程中需要协助安装、调换外侧监测设备时启动开关限制水流流动，以保障位于卸压孔内的囊袋水流不外漏。

3.2.2 监控技术方法及原理

新型施恒阻且可变阻适应功能的可缩胀囊袋调压系统是由配套完善的自主监测设备组成，可实时动态监测内部卸压空间的闭合度。其安装方法及工作原理如下：（1）初期安装。当卸压孔形成后，按照图3.9所示的连接顺序，将收缩态的囊袋系统通过牵引导杆牵引、水流管道接长并延伸至深部应力高峰区域的卸压孔内，其外侧与三通阀、转接口、开关、流量计、压力表及自动卸压阀等设备相连接。（2）安装并连接完成后，通过注水口向囊袋系统内部充水（乳化液），待其充满后记录储水量，安装卸压阀并设定其卸压及恒阻工作压力，囊袋系统开始承压工作，此时囊袋系统可以施恒阻以抵抗围岩变形，且通过调节卸压阀的压力值可以实现可变阻以抵抗围岩变形（即施恒阻且可变阻功能）的作用。（3）当囊袋系统受到围岩的动载挤压作用时，该系统压力不断升高，并逐渐接近于卸压阀的设计压力值；当围岩对囊袋系统的挤压力达到卸压阀设定的压力时，卸压阀自动开启并随之发生囊袋系统卸压（向外排水（乳化液））作用，此时囊袋系统在

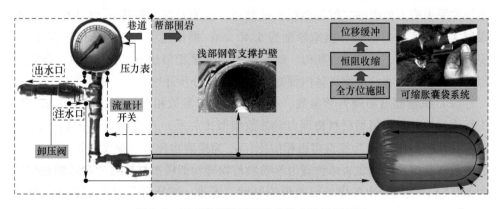

图3.9 新型囊袋调压系统监控方法及原理图

其预设压力条件下恒阻抵御围岩变形。通过分别记录外侧流量计、压力表的流量及压力值，判别内部卸压空间闭合度及其卸压孔洞围岩在囊袋系统支撑下的恒阻收缩效果。新型囊袋调压系统工作原理如图 3.9 所示。

总之，对于强采动巷道两帮深部区域煤体整体向煤巷空间运移并作用于锚固支撑系统的大变形联动破坏机制，内部卸压孔洞群的布置可为两帮深部煤体运移至锚固区域围岩提供一个让压补偿空间。根据煤巷在经历强采动期间囊袋外侧监控系统中记录的流量与压力数据：一方面，可判别围岩内部卸压空间的闭合度状况；另一方面，可实时综合评估围岩的稳定性特征。新型可缩胀囊袋调压系统与外锚-内卸协同控制技术相互配合，可将巷道两帮高支承应力峰值转移至卸压孔洞实体煤侧，实现巷道原应力高峰区域围岩应力水平整体降低，为煤巷围岩稳定性创造了良好的应力环境；卸压孔洞在囊袋系统支撑下可恒阻收缩，能为两帮深部区域煤体运移作用至浅部锚固支护体围岩提供一个缓冲空间，二者相互结合可实现围岩恒阻卸压、量化评估围岩卸压效果。

3.3　煤巷围岩外锚-内卸协同控制的物理相似模拟试验

为了深入探究外锚-内卸协同控制技术的可行性及其对煤巷两帮围岩高集中应力的转移效果，开展东庞矿深部煤巷围岩外锚-内卸协同控制的物理相似模拟试验，对比分析内部卸压前后煤巷围岩应力分布规律及卸压孔在上覆顶板载荷作用下的变形及其闭合规律，揭示外锚-内卸协同控制技术对深部煤巷围岩的卸压保护机制。

3.3.1　相似模拟试验参数设计

(1) 物理模型及其相似比。试验装置选取中国矿业大学（北京）矿压实验室模拟平面应力模型的二维相似模拟试验台，模型几何相似比 α_L 为 100∶1，即煤层实际厚度为 5.40 m，模拟厚度为 5.40 cm；模拟过程与现场开挖过程相似，要求荷载比相似、边界条件相似、时间相似，容重相似比 α_γ 为 1.5∶1，设定相似开挖条件为煤巷与两侧煤体内部卸压空间整体分步开挖。

(2) 试验模型物理力学参数。根据物理力学参数相似原则，设定出东庞矿工程煤岩体与相似模型材料物理力学参数相似比关系，式为 $\alpha_\sigma = \alpha_L \cdot \alpha_\gamma$（$\alpha_L$ 为模型几何相似比；α_γ 为模型容重相似比；α_σ 为模型物理力学参数相似比），转化成工程试验煤巷周围煤岩体物理力学参数与物理相似模拟材料力学参数的相似比为 150∶1，整理得出各煤岩层的模拟厚度、容重、抗压强度及分层数等，如表 3.1 所示。

表 3.1 相似模型中部分煤岩层物理力学参数

岩层	厚度 /m	模拟厚度 /cm	分层数	分层厚 /cm	抗压强度 /MPa	模拟抗压强度 /MPa	容重 /g·cm⁻³	模拟容重 /g·cm⁻³
粗砂岩	6.32	6.32	4	1.58	30.3	0.20	2.39	1.59
细砂岩	0.55	0.55	1	0.55	34.8	0.23	2.54	1.69
2_1 煤	0.30	0.30	1	0.30	3.65	0.02	0.38	0.25
炭质泥岩	1.10	1.10	1	1.10	14.7	0.10	1.44	0.96
粉砂岩	1.27	1.27	1	1.27	37.5	0.25	2.66	1.77
细砂岩	1.06	1.06	1	1.06	34.8	0.23	2.54	1.69
2 号煤	5.40	5.40	3	1.80	3.65	0.02	0.38	0.25
粉砂岩	2.32	2.32	1	2.32	37.5	0.25	2.66	1.77
细砂岩	8.90	8.90	4	2.23	34.8	0.23	2.54	1.69

（3）试验模型静载时配重加载的设定。根据物理相似模拟试验模型平台规格，设计本试验静载过程模拟的上覆顶板岩层高度为 11.22 m，煤层厚 5.40 m，底板岩层为 10.60 m，取上覆厚度为 646.08 m，岩层的容重均值 2500 kg/m³，荷载为 16.15 MPa。根据相似模拟试验的相似比要求，在物理试验模型中上覆岩层荷载采用配重块的加载方式，通过计算得出配重块荷载为 0.11 MPa。

（4）试验模型材料配比。根据实验室相关配比强度并结合相似试验材料配比表，得出物理相似模拟试验中各岩层材料及配比，如表 3.2 所示。

表 3.2 相似模型部分材料质量配比

岩层	分层数	分层厚 /cm	配 比	沙子 /kg	石灰 /kg	石膏 /kg	水 /kg
粗砂岩	4	1.58	8:0.5:0.5	6.96	0.43	0.43	0.78
细砂岩	1	0.55	6:0.5:0.5	2.34	0.19	0.19	0.28
2_1 煤	1	0.3	8:0.7:0.3	1.32	0.12	0.05	0.15
炭质泥岩	1	1.1	8:0.5:0.5	4.40	0.28	0.28	0.50
粉砂岩	1	1.27	7:0.5:0.5	5.50	0.39	0.39	0.63
细砂岩	1	1.06	6:0.5:0.5	4.51	0.37	0.37	0.53
2 号煤	3	1.80	8:0.7:0.3	23.78	2.08	0.89	2.67
粉砂岩	1	2.32	7:0.5:0.5	10.06	0.72	0.72	1.15
细砂岩	4	2.23	6:0.5:0.5	37.91	3.12	3.12	4.46

（5）巷道布置及其支护系统。根据试验模型的相似比条件，设计在模型中

开挖规格为 50 mm×30 mm 的矩形断面巷道，根据 12 采区煤巷顶板及两帮支护参数与其布置相一致的锚杆索支护系统［模拟材料为铁丝（锚杆为 16 号铁丝，锚索为 14 号铁丝），通过环氧树脂与周围其他材料相黏合］及巷内单体柱支护系统，设计在煤巷两帮锚固区域外开挖的卸压槽尺寸为长 25 mm、宽 10 mm、高 10 mm，其体积约 2500 mm³。

　　（6）应力监测及囊袋调压系统。为分析巷道在未采取卸压及采取卸压措施后围岩应力分布情况，在初期模型铺设过程中于巷道两帮沿煤层顶板每隔 10 mm 埋设一个应变片，利用计算机对顶板横梁加载过程中的应变实时动态监测，进而分析卸压前后各测点围岩应力值变化。同时，为了模拟上述提出的巷道两帮深部锚固区域外的卸压孔洞内布设的新型囊袋调压系统对顶板加载过程中的巷道围岩卸压调控效果，自主设计了如图 3.10 所示的新型可缩胀囊袋及其与之相配套的卸压监测系统，布设过程中注满水的囊袋置于巷道两侧深部区域模型内部，囊袋外侧与注水管路相连接，外侧水流管路与高精度电子数显型压力表接通，可实时显示顶板横梁加载全进程中内部囊袋系统的承压状况及其压力变化，探明随顶板横梁加载进程中内部卸压空间闭合度的变化规律及其新型囊袋调压系统抵御围岩挤压及变形的能力。其中，试验过程中内部囊袋及与其相配套的管路内部充满水，确保顶板横梁加载前囊袋内部注入的水流不被挤出。

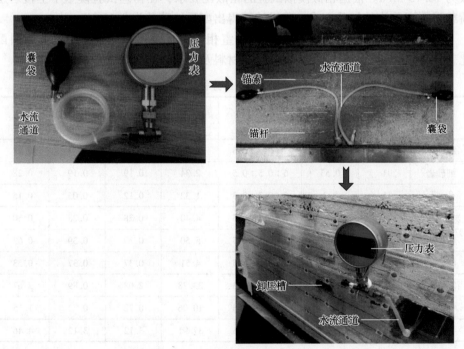

图 3.10　物理模型中囊袋调压及监测系统

3.3.2　试验过程及观测指标

3.3.2.1　相似模拟试验过程

第一步：模型铺设。

在相似模型铺设过程中，为了更贴切地符合巷道所处围岩实际工程条件，根据试验模型相似比关系，在模型中预置与原巷道顶板及两帮间排距相一致的锚杆索支护系统；同时，在模型中同步铺设囊袋调压系统及围岩应变片，监测囊袋系统压力变化及卸压前后两帮围岩应力变化进程。为了限制模型在顶板横梁加载过程中围岩前后表面发生位移，待模型铺设完成后在试验模型平台前后表面固定透明玻璃挡板，物理模型铺设过程如图 3.11 所示。

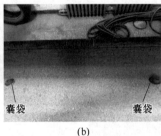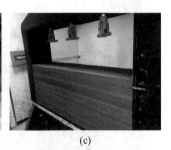

(a)　　　　　　　　　　(b)　　　　　　　　　　(c)

图 3.11　试验模型铺设过程

（a）模型铺平并夯实；（b）铺设囊袋系统；（c）拆模后试验模型

第二步：巷道开挖及巷内支护系统布置。

待试验模型充分达到一定强度后，按照模型相似比条件在模型中部开挖一条巷道，同时在巷内布设双排单体支柱。

第三步：开挖卸压槽，连接囊袋调压监测系统。

根据试验模型相似比在巷道两帮锚固区域外开挖卸压槽，卸压槽的总体积约 2500 mm^3，构建的相似试验模型及巷道支护系统如图 3.12 所示。同时，将自主设计的囊袋调压系统通过管路与外侧电子数显型压力表相连接。

第四步：启动顶板横梁加载。

待巷道、卸压槽开挖完成及囊袋调压系统连接完成后，通过计算机控制使模型顶部横梁开启加载以模拟回采引起的动载扰动进程，监测上覆横梁持续加压过程中巷道围岩的应力及位移变化，评估巷道围岩总体卸压控制效果。

3.3.2.2　相似模拟试验观测指标

（1）卸压孔洞闭合度。随顶板横梁加载过程中对巷道两帮锚固区域外卸压

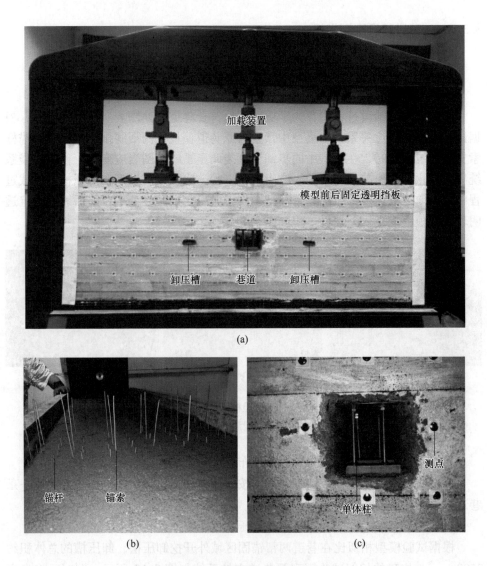

图 3.12 物理相似模型及巷道支护系统
(a) 物理试验模型；(b) 锚杆索支护系统；(c) 巷内支护系统

槽空间剩余体积进行实时动态测量，绘制卸压槽体积与顶板横梁位移关系曲线，分析煤巷两帮无支护卸压槽空间闭合进程中的巷道围岩控制效果。

（2）卸压前后围岩应力。基于模型中布设的应变片，通过计算机处理分析模型顶板横梁加载过程中煤巷两帮围岩应力变化，进而分析预设卸压槽对围岩集中应力的转移效果，阐明煤巷围岩卸压控制效果。

（3）囊袋系统压力。采用电子数显型压力表实时监测围岩内部布设囊袋调压系统的承压情况,对加载过程中的内部囊袋受压状况进行统计,分析内部卸压空间闭合度及囊袋系统的卸压调控效果。物理相似模型三因素观测指标如图3.13所示。

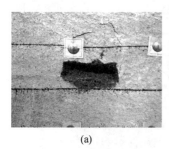 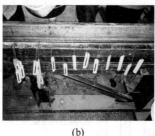 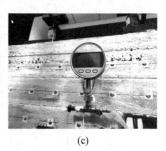

(a)　　　　　　　　　　　(b)　　　　　　　　　　　(c)

图3.13　相似模型观测指标

(a) 卸压槽；(b) 应变片；(c) 压力表

3.3.3　试验结果及分析

随试验模型顶板横梁加载进程中,巷道两帮卸压槽空间体积、囊袋系统压力及卸压前后围岩应力变化如图3.14所示。

(1) 卸压孔洞闭合效果分析。未受顶板横梁载荷加载前,巷道两侧深处卸压槽初始体积约为 2500 mm³;当顶板开始加载时,位于巷道两帮无支护的卸压槽受围岩挤压作用后顶板发生弯曲下沉,底板鼓起明显,特别是卸压槽深部区域煤体不断被挤出,使卸压槽持续被填充、闭合,卸压槽空间持续缩小。从图3.14(a)中可以看出,当顶板下移 6 mm 时,深部区域煤体开始向外鼓出,导致卸压槽体积由初始的 2500 mm³ 逐渐减小;此后卸压槽进入关键卸压阶段,当顶板横梁下移至 25 mm 时,卸压槽内剩余空间约为 290 mm³,其变形量达到了初始卸压槽体积的 88.4%,基本充满初始卸压槽空间,这主要是由深部煤体受加载影响下持续向外挤出将无支护的自由卸压孔洞空间压缩闭合引起的;再者,通过无支护区卸压槽的变形与闭合过程充分吸纳了围岩变形和动载应力波的扰动破坏,保障了巷道断面完好且未发生破坏。由此分析得出,在两帮锚固区域外开挖无支护的卸压孔洞空间对外锚后的巷道围岩卸压控制效果显著。

(2) 囊袋调压效果分析。模型顶板加载过程中,煤层内部布置的可缩胀囊袋承压情况无法直接量化表征,因此设计了与内部囊袋相配套的数显型电子压力表相连接,顶板加载过程中囊袋内部压力随顶板横梁下沉变化关系曲线如图3.14(a)所示。由图3.14可知,顶板加载进程中囊袋系统压力变化表现出典型的三阶段特征,分别为初始阶段、关键卸压阶段及稳压阶段。顶板横梁加载初期,囊袋内部压力值变化不明显,仅发生微小的压力升高;当顶板下沉的位移值达到 6 mm

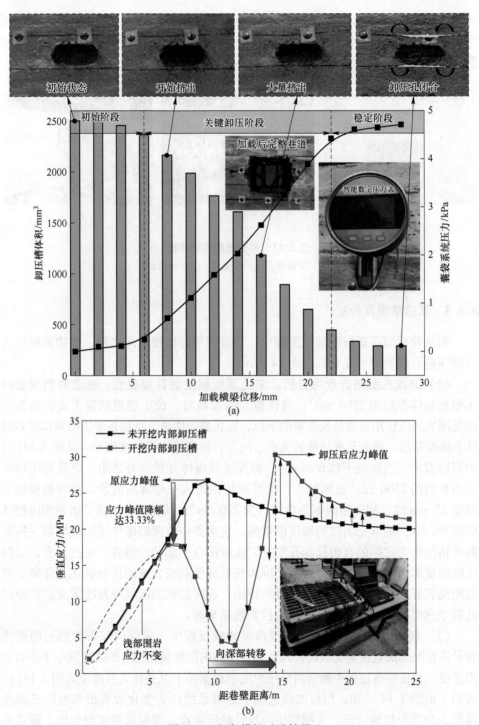

图 3.14 相似模拟试验结果
(a) 卸压槽空间变化；(b) 卸压前后围岩应力变化

时，内部囊袋系统压力值增速开始明显加快，进入卸压槽关键卸压阶段；当顶板横梁位移值达到 22 mm 时，囊袋系统压力变化增速降低，逐渐进入稳定阶段，稳定后的内部囊袋系统压力值为 4.65 kPa。

总之，囊袋系统在受压初期应力较为稳定，即初期恒阻抵抗围岩变形，当卸压孔开始发生明显变形时其压力快速升高，当卸压孔变形逐渐稳定时内部囊袋系统压力近似不再发生变化。随着顶板横梁加载，无支护的内部卸压孔逐渐闭合，囊袋系统变化规律与卸压槽近似一致，且随顶板横梁加载全进程中巷道未出现明显位移且未发生明显破坏，因此外锚-内卸协同控制技术保障了巷道的长期稳定，实现了对深部煤巷围岩的有效卸压。以上结果不仅验证了新型囊袋系统可发挥恒阻抵抗围岩变形的能力，也充分说明了新型囊袋调压系统监控内部卸压空间闭合度方法的合理性。

（3）巷道围岩应力变化。巷道两帮煤体内部未卸压及卸压后转化为原型值的围岩应力随顶板横梁加载过程变化曲线如图 3.14（b）所示。由图可知，卸压前巷道两帮煤体深部应力峰值约 26.70 MPa；采取卸压措施后巷道围岩应力演化为双峰型分布特征，巷道浅部 6.5 m 范围内应力与卸压前应力值近似一致，但卸压后浅部内应力峰值与原峰值相比明显减小，降低幅度约为 33.33%；深部外应力峰值与原峰值相比略有升高，升高幅度仅为 13.30%，因此采取外锚-内卸协同控制技术后，实现了原巷道帮部围岩应力峰值向深部转移，且煤巷浅部锚固承载结构围岩应力不发生明显弱化，保障了巷道浅部围岩的整体稳定性。

综合上述分析得出，基于巷道浅部围岩外锚基础上，在巷道两帮煤体深部区域开挖卸压孔洞可显著将巷帮高集中应力转移至卸压孔洞实体煤侧，且保障了浅部锚固承载结构围岩不发生明显破坏，采取外锚-内卸协同控制技术后巷道围岩卸压调控效果良好。

4 深部强动压实体煤巷道围岩内部卸压高应力调控规律研究

为了全面准确掌握深部强采动煤巷围岩内部卸压高应力调控规律，本书将分别就深部强采动实体煤巷与沿空煤巷两类巷道围岩内部卸压高应力调控规律展开详细研究。本章主要以东庞矿 12 采区煤巷为研究对象，采用垂直应力（能直观反映巷道受采掘活动时的应力变化）、偏应力（综合考虑了最小主应力、中间主应力、最大主应力间的作用关系，可综合反映围岩畸变破坏的本质）为研究指标，分析深部实体煤巷在不同造穴卸压参量（卸压位置、卸压孔长度及卸压孔间距）下围岩应力演变及迁移规律，阐明深部煤巷围岩在不同造穴参量下的卸压保护效果，提出合理的卸压参数范围并确定合理的内部卸压关键参数，综合分析得出各因素的重要影响程度分级，为指导煤矿现场工程实践提供依据。

4.1 数值计算模型与研究方案

4.1.1 数值模型的建立

为了分析不同内部造穴卸压参量对煤巷围岩应力分布的响应规律，进而探明合理的内部卸压关键参数，构建与东庞矿现场工程实际相一致的典型深部煤巷围岩 FLAC³ᴰ 数值计算模型，模型几何尺寸为 80 m × 100 m × 80 m（长 × 宽 × 高），其中，卸压孔延伸方向为 X 轴，煤巷轴向为 Y 轴，竖直方向为 Z 轴，如图 4.1 所示。模型顶边界应力约束，左右边界 X 方向速度为零，前后边界 Y 方向速度为零，模型底边界 X、Y、Z 方向速度均为零。根据东庞矿 2 号煤层 12 采区煤巷埋深约 660 m，上覆岩层的平均容重为 25 kN/m³，模型上部施加载荷 16.50 MPa，重力加速度为 9.80 m/s²，侧压系数取 1.2。采用 Mohr-Coulomb 模型作为煤巷围岩变形破坏的本构模型，由于现场开挖扰动后煤岩体中存在大量不规则节理和裂隙，实验室测得的煤岩样力学参数往往高于采场/巷道煤岩体本身，因此，室内测试获得的结果不能直接用于计算机数值模拟。通过 Hoek-Brown 基本准则对实验室获得力学数据处理后的煤岩层物理力学参数，如表 4.1 所示。

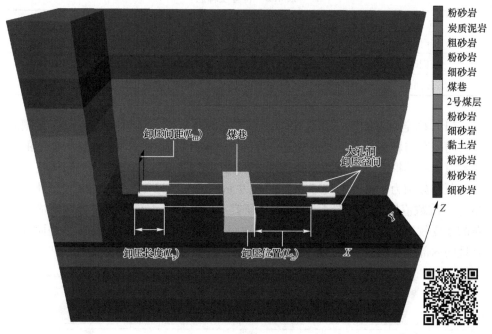

图 4.1 数值计算模型

图 4.1 彩图

表 4.1 模型中各煤岩层力学参数

岩层	密度 /kg·m⁻³	体积模量 /GPa	剪切模量 /GPa	内摩擦角 /(°)	内聚力 /MPa	抗拉强度 /MPa
黏土岩	2150	6.55	5.3	29	2.8	2.0
细砂岩	2590	6.98	5.3	36	3.4	2.5
粉砂岩	2602	7.11	6.3	35	3.0	2.1
2 号煤	1400	2.6	1.5	18	0.8	0.4
炭质泥岩	2200	7.5	6.3	29	2.9	2.2
粗砂岩	2650	9.5	7.3	32	3.1	2.4

4.1.2 数值模拟方案

本节运用数值模拟的方法研究不同造穴卸压参量下煤巷围岩应力动态响应规律，其目标是确定合理的内部卸压关键参数——卸压位置（指卸压孔的起始位置，即卸压孔最外侧与巷壁之间的水平距离，后续内容均指卸压的起始位置）、卸压长度、卸压孔间距（符号及释意如表 4.2 所示），合计共需构建 63 个三维数值计算模型，具体模拟方案如下。

表 4.2   符号及释意

指　标	符号	代　表　含　义
卸压位置	L_h	巷帮造穴卸压孔最外端与巷壁之间的距离
卸压长度	L_s	巷帮造穴由始至终所形成的卸压孔总长度
卸压间距	L_m	巷帮每两个卸压孔中心线之间的水平距离

（1）确定内部卸压（孔）位置。为了模拟分析煤巷两帮卸压孔位置对围岩应力的分布与转移效果，进而确定合理的内部卸压孔深度，本节设计了如下的正交数值计算模拟方案：当卸压孔长度分别为 2 m、3 m、4 m、5 m，卸压孔距巷壁的距离分别为 4 m、6 m、7 m、8 m、9 m、10 m、11 m、12 m 时（合计构建 33 个三维数值模型，如图 4.2 所示），研究不同卸压孔洞位置对煤巷围岩应力分布的迁变效果，探明不同内部卸压位置对煤巷围岩稳定性的响应特征，进而确定合理的内部卸压位置。

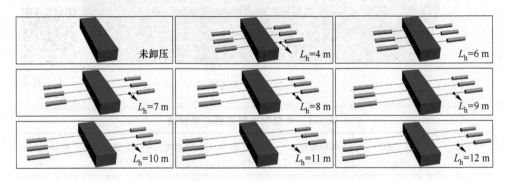

图 4.2   煤巷两帮不同卸压位置的数值模型

（2）确定内部卸压（孔）长度。为了分析确定合理的煤巷两帮煤体内部卸压孔长度，设计如下正交数值计算模拟方案：卸压孔长度分别为 2 m、3 m、4 m、5 m，内部卸压孔最外侧距巷壁的距离分别为 7 m、8 m、9 m、10 m、11 m、12 m（合计构建 24 个三维数值模型，如图 4.3 所示），分析不同内部卸压孔洞长度对煤巷围岩应力分布的响应规律，探明合理内部卸压孔长度的参量范围。

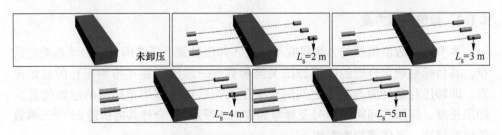

图 4.3   煤巷两帮围岩不同卸压孔长度的数值模型

（3）确定内部卸压（孔）间距。设计如下单因素分析的数值计算模拟方案：卸压孔间距分别为 2 m、3 m、4 m、5 m、6 m，卸压孔距巷壁 10 m、卸压孔长度为 5 m（如图 4.4 所示），分析不同内部卸压孔间距对煤巷围岩稳定性的影响特征，确定合理的内部卸压孔间距。

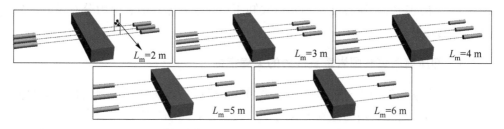

图 4.4　煤巷两帮围岩不同卸压孔间距的数值模型

4.1.3　应力监测方案

（1）监测方案。煤巷两帮煤体内部卸压方法主要适用于解决深部采动煤巷两帮围岩持续大变形控制，其实施位置是在巷道两帮锚固支护区域外的深部煤体围岩中，因此，数值模拟时需重点监测卸压前后两帮围岩不同位置处的应力分布及其高应力向深部转移效果，提取应力数据并处理得出未卸压及其不同造穴卸压参量下帮部围岩应力分布及迁变规律。

（2）测线布置。煤巷两帮围岩应力监测点分布于各帮 28 m 范围内的煤层中，每两个应力监测点的间距为 0.5 m，合计布置 57 个监测点。两帮煤体内部测线垂直于巷壁布置，测线高度距底板的距离约为 1.8 m，数值模型中 12 采区煤巷两帮围岩应力监测点布置如图 4.5 所示。

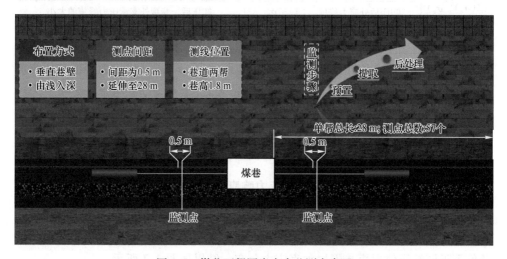

图 4.5　煤巷两帮围岩应力监测点布置

4.2　不同卸压参量下煤巷围岩垂直应力迁变规律

本节以矿山压力与岩层控制中经典的垂直应力为分析指标,研究不同造穴卸压位置、不同造穴卸压长度、不同造穴卸压孔间距对煤巷围岩应力分布及其稳定性的影响特征。

4.2.1　卸压前后煤巷围岩垂直应力的关键指标

基于煤巷浅部围岩外锚基础上,采用数值模拟的方法研究煤巷两帮深部煤体内部卸压后围岩垂直应力重新分布特征,其重布后的围岩应力峰值大小、峰值位置是评判煤巷围岩稳定性的重要指标。本节数值模拟研究中卸压前后煤巷围岩应力分布存在三个关键位点,分别为卸压前巷帮应力峰值及其位置、卸压后巷帮内应力峰值及其位置、卸压后巷帮外应力峰值及其位置,如图 4.6 所示。表 4.3 所示为各关键指标参数符号及其主要释义,是分析内部卸压措施对煤巷围岩应力调控效果的重要指标。

表 4.3　煤巷围岩垂直应力关键指标及释义

坐标点	指　标	符号	代　表　含　义
关键点一 $(L(\sigma_o),\ \sigma_o)$	卸压前应力峰值距离	$L(\sigma_o)$	卸压前,巷帮支承压力峰值与巷壁之间的距离
	卸压前应力峰值	σ_o	卸压前,巷帮支承压力峰值的大小
关键点二 $(L(\sigma_i),\ \sigma_i)$	卸压后内应力峰值距离	$L(\sigma_i)$	卸压后,巷帮内支承压力峰值与巷壁之间的距离
	卸压后内应力峰值	σ_i	卸压后,巷帮内支承压力峰值的大小
关键点三 $(L(\sigma_e),\ \sigma_e)$	卸压后外应力峰值距离	$L(\sigma_e)$	卸压后,巷帮外支承压力峰值与巷壁之间的距离
	卸压后外应力峰值	σ_e	卸压后,巷帮外支承压力峰值的大小

本节以垂直应力为基础指标分析煤巷围岩卸压调控效果的关键二级指标主要有 $L_h - L(\sigma_o)$(造穴位置到原应力峰值位置距离)、σ_i/σ_r(内应力峰值与原岩应力之比)、σ_i/σ_o(内应力峰值与原应力峰值之比)、$L(\sigma_i) - L(\sigma_o)$(内应力峰值位置到原应力峰值位置距离)、$\sigma_e/\sigma_o$(外应力峰值与原应力峰值之比)、$L(\sigma_e) - L(\sigma_o)$(外应力峰值位置到原应力峰值位置距离)、$\nabla(\sigma_e)$(外应力峰值大小增长幅度)、$\nabla[L(\sigma_e) - L(\sigma_o)]$(外应力峰值位置偏移幅度)。

4.2.2　不同卸压位置煤巷围岩垂直应力响应规律

考虑到煤巷两帮不同造穴卸压参量下数值模拟结果及规律的近似一致性特征及其文章篇幅限制,本节仅展示内部造穴卸压孔长度 5.0 m、卸压孔间距 4.0 m 条件下不同卸压位置煤巷围岩垂直应力分布,结果如图 4.7 所示。

图 4.6 卸压前后煤巷围岩垂直应力迁变的关键位点

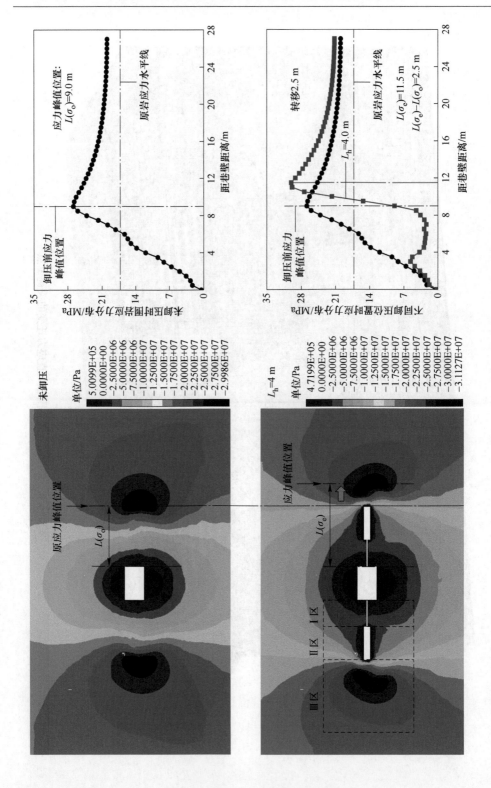

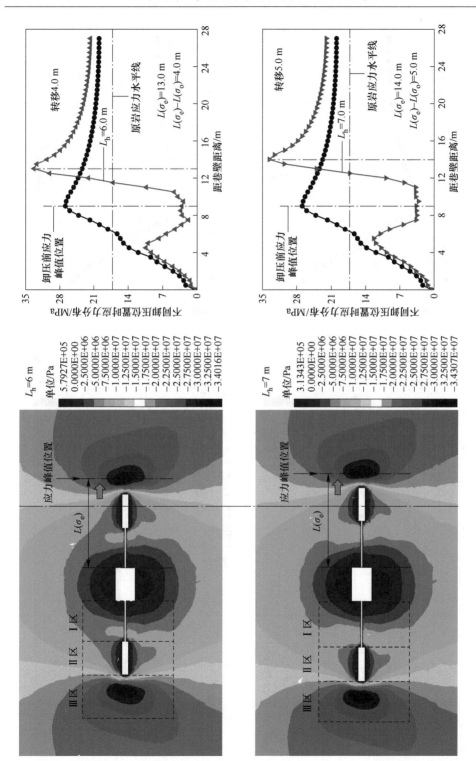

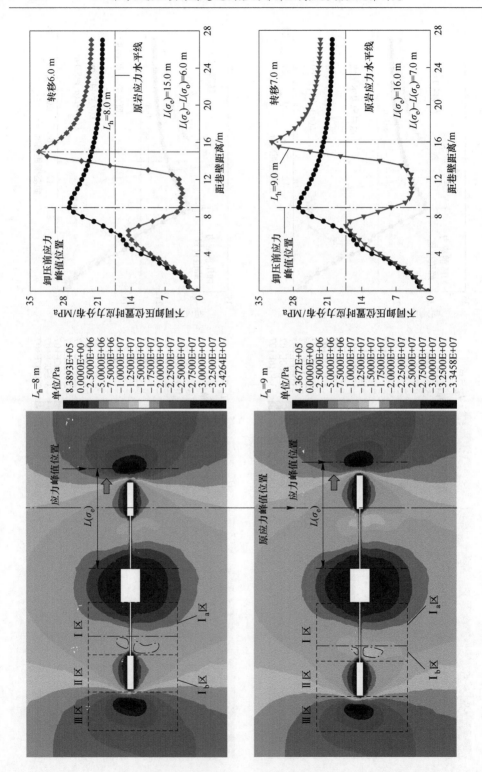

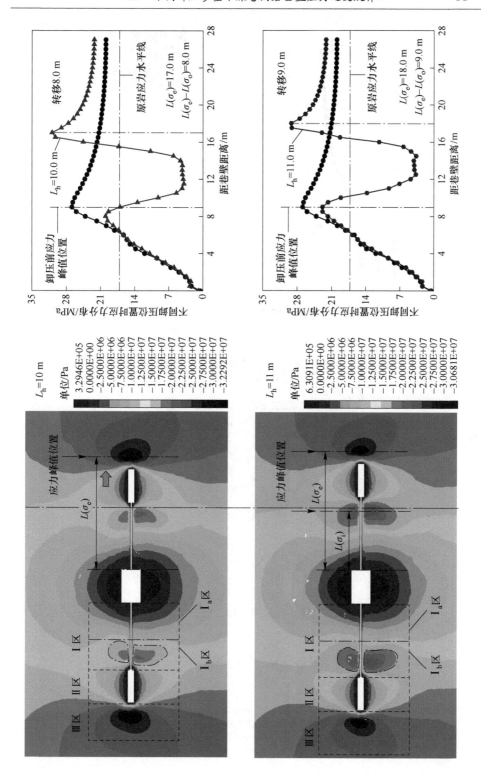

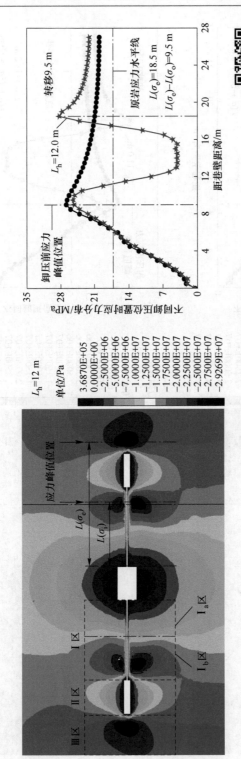

图 4.7　不同卸压位置煤巷围岩支承压力分布

（1）未采取卸压措施时：煤巷两帮围岩支承压力峰值位置距巷壁约 9.0 m，支承压力峰值约为 26.86 MPa，应力集中系数为 1.57，煤巷两帮浅部 6.0 m 范围内围岩应力均低于原岩应力值。

（2）采取内部卸压措施后：煤巷两帮围岩支承压力随卸压位置的变化而不断发生转移，不同卸压位置条件下煤巷围岩支承压力分布规律如下。

1）巷帮围岩结构分区特征：基于巷帮围岩支承压力重布规律及围岩承载特性，将卸压后巷帮围岩划分为三个区域，分别为Ⅰ区（锚固承载区）、Ⅱ区（造穴卸压弱结构缓冲区）、Ⅲ区（高应力转移区）。Ⅰ区围岩中锚索注强化锚固可在煤巷两帮浅部形成压缩拱承载结构，承载结构内支护体与围岩协同作用，共同抵御动静荷载对煤巷围岩的扰动破坏。因此，为了充分发挥支护体内锚杆索的锚固效果，内部造穴卸压时既要转移煤巷帮部高集中应力，又不可削弱锚固承载区域内煤体的承载能力。内部卸压后在造穴范围内围岩形成的弱结构缓冲区域Ⅱ区，为巷帮应力传递与体积膨胀变形提供了缓冲补偿空间，可有效吸收动载所产生的应力波，切断煤巷两帮深部围岩持续向巷道空间的整体运移。造穴卸压后，煤巷两帮围岩应力峰值明显向更深处转移，形成了深部高应力转移区域Ⅲ区，重布后的应力峰值大小及位置对巷道围岩稳定性具有重要作用。与卸压前巷道围岩的应力分布相比，若内部卸压后应力峰值低，且峰值位置向深部转移越显著，则卸压效果越明显，有利于巷道围岩稳定。

2）造穴卸压位置较浅（距巷帮 4 m→7 m）：煤巷浅部围岩Ⅰ区内应力值均低于原岩应力，该范围内锚固支护区域围岩主要发挥对煤巷的承载能力。由于在煤帮 4~7 m 范围内进行造穴时卸压时，煤巷两帮支承压力峰值位置向深部转移效果不明显。再者，考虑到试验煤巷两帮锚索的实际长度为 6.5 m，为了不破坏煤巷浅部锚索锚固体围岩的整体稳定性，提出两帮深部内部卸压位置距巷壁距离不小于 7.0 m。

3）造穴卸压位置位于煤帮应力峰值区内（距巷帮 8 m→10 m）：当造穴位置加深至距煤帮 8.0 m 时，根据煤帮Ⅰ区内围岩应力的差异性分布特征，可将Ⅰ区围岩划分为Ⅰ$_a$区及Ⅰ$_b$区，其中，Ⅰ$_a$区内围岩应力与浅部造穴卸压时近似相一致，仍保持低应力状态，其差异性在于Ⅰ$_b$区内出现新的应力高峰区，称之为"内应力峰值"。当造穴卸压深度为 8 m 或 9 m（即 $L_h = 8~9$ m）时，Ⅰ$_a$区内围岩应力均小于原岩应力值，Ⅰ$_b$区内支承压力峰值近似于原岩应力且分布范围较小；当造穴卸压深度延伸至距巷帮 10 m 位置时，Ⅰ$_b$区内应力高峰区范围进一步扩大，其支承压力峰值为 19.90 MPa，约为原岩应力的 1.21 倍。

4）造穴卸压位置位于煤帮深部（距巷帮 11 m→12 m）：随着造穴深度的进一步增加，Ⅰ$_b$范围不断向外扩展延伸，内应力峰值不断增高。当卸压位置位于煤帮深部 11 m 时，Ⅰ$_b$区内应力峰值为 22.87 MPa，明显高于原岩应力值，约 0.85 倍卸压前煤巷两帮支承压力峰值，卸压效果不理想。当卸压位置位于煤帮深部 12 m 时，Ⅰ$_b$区内应力峰值为 25.46 MPa，约为原支承压力峰值

0.95 倍，近似达到了卸压前煤巷围岩支承压力峰值，卸压效果不显著（或卸压不充分）。

上述仅展示了卸压孔长度 5 m、卸压孔间距 4.0 m 时围岩应力分布及转移效果，图 4.8 所示为卸压孔长度分别为 2 m、3 m、4 m、5 m 时不同卸压位置煤巷围岩总体应力分布曲线。

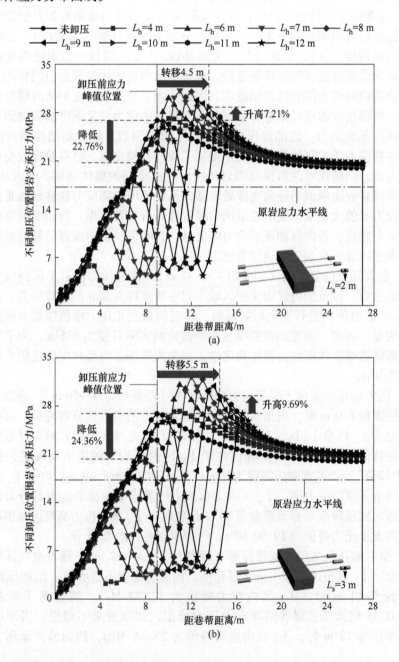

(a)

(b)

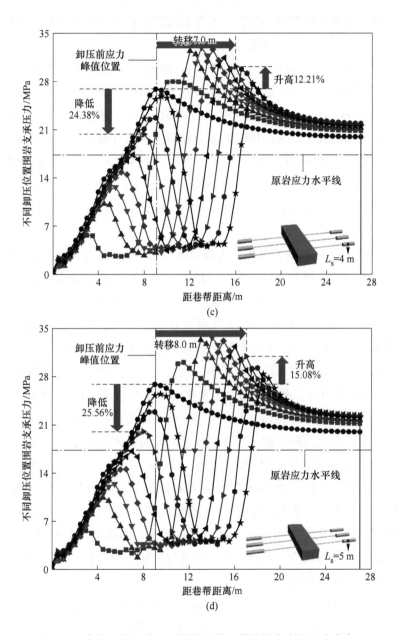

图 4.8　各卸压孔长度下不同卸压位置煤巷围岩支承压力分布
(a) 卸压孔长度为 2.0 m; (b) 卸压孔长度为 3.0 m;
(c) 卸压孔长度为 4.0 m; (d) 卸压孔长度为 5.0 m

由图 4.8 可知,卸压孔长度分别为 2.0 m、3.0 m、4.0 m 及 5.0 m 时,不同卸压位置煤帮支承压力分布规律近似一致。鉴于不同卸压孔长度下煤巷围岩应力分布的一致性及考虑到篇幅的限制，本节对卸压孔长度为 5.0 m 时不同卸压位置煤帮支承压力分布曲线展开详细分析。

（1）造穴卸压位置较浅（4 m→7 m）：巷道浅部锚固区域围岩支承压力较低，基于此范围内围岩卸压后内应力峰值低于原岩应力水平；当卸压位置距巷壁距离分别为 4 m、6 m、7 m 时，内应力峰值分别占原岩应力的 33%、60%、72%。外应力峰值大小较未卸压时的应力峰值大小稍有增加，外应力峰值位置分别向深部转移了 2.5 m、4.0 m、5.0 m。可见，在 4.0~7.0 m 深度范围内卸压，不仅高应力峰值区向深部转移效果不理想，还会破坏浅部锚固体围岩的完整性，导致浅部锚固承载区域围岩体受载能力减弱，极大影响锚杆索等支护构件的锚固效果。

（2）造穴卸压位置位于煤帮应力峰值区域内（8 m→10 m）：随内部卸压位置不断向深部移动，煤巷围岩的内应力峰值大小不断升高，卸压位置距巷壁距离分别为 8 m、9 m、10 m 时，内应力峰值分别占原岩应力的 85%、99%、116%，且其内应力峰值与原应力峰值之比分别为 0.54、0.64、0.74，降幅可达 46%、36%、26%，内应力峰值位置距巷帮距离分别为 6.5 m、7.0 m、8.0 m。外应力峰值大小随卸压位置的加深而不断减小，外应力峰值位置向围岩深部分别转移了 6.0 m、7.0 m、8.0 m。由此可见，在 8.0~10.0 m 深度范围内卸压，不仅可实现原高应力峰值区向深部转移，而且可保障煤巷浅部锚固区围岩应力水平维持在原岩应力附近，在此范围内卸压可为锚杆索的端头锚固提供稳固的围岩基础。

（3）造穴卸压位置位于煤帮深部区域（11 m→12 m）：卸压位置距巷壁距离分别为 11 m、12 m 时，帮部围岩内应力峰值与原应力峰值之比分别为 0.85、0.95，降幅仅为 15%、5%，卸压位置距巷壁距离分别为 11 m、12 m 时，内应力峰值距原峰值位置距离分别为 0 m、0.5 m。可见，在煤巷两帮深部 11~12 m 范围内造穴卸压，使得内应力峰值大小、位置与未卸压时近似一致，进而导致煤巷两帮围岩卸压效果不明显。

总之，不同卸压位置煤巷围岩支承压力变化规律总体呈现出如下特征：（1）卸压后煤巷帮部围岩支承压力峰值呈不对称双峰型分布规律；（2）浅部内应力峰值明显低于原应力峰值，卸压后应力峰值随卸压位置的加深而逐渐增大并趋近于原支承压力峰值；（3）随着卸压深度的增加，内应力峰值位置不断趋近于原支承压力峰值处；（4）外应力峰值与原支承压力峰值相比略有升高，随着卸压深度的增加，外应力峰值逐渐减小；（5）外应力峰值明显向深部发生转移，其总体变化规律如表 4.4 所示。

表 4.4 不同卸压位置煤巷围岩垂直应力的关键指标变化

L_h/m	$L_h - L(\sigma_o)$ /m	σ_i/MPa	σ_i/σ_r	σ_i/σ_o	$L(\sigma_i)$/m	$L(\sigma_i) - L(\sigma_o)$ /m	σ_e/MPa	σ_e/σ_o	$L(\sigma_e) - L(\sigma_o)$/m
4	−5	5.63	0.33	0.21	3.0	−6.0	30.04	1.12	2.5
6	−3	10.40	0.60	0.39	4.5	−4.5	33.30	1.24	4.0
7	−2	12.40	0.72	0.46	5.5	−3.5	33.64	1.25	5.0
8	−1	14.54	0.85	0.54	6.5	−2.5	33.18	1.23	6.0
9	0	17.16	0.99	0.64	7.0	−2.0	32.33	1.20	7.0
10	1	19.90	1.16	0.74	8.0	−1.0	30.92	1.15	8.0
11	2	22.87	1.33	0.85	9.0	0.0	29.22	1.09	9.0
12	3	25.46	1.48	0.95	9.5	0.5	28.35	1.06	9.5

注: $L_h - L(\sigma_o)$ 为 "−", 代表内应力峰值位置在原峰值位置内侧（靠近巷道侧）; 为 "＋", 则在外侧（靠近实体煤侧）。 $L(\sigma_i) - L(\sigma_o)$ 为 "−", 代表内应力峰值位置在原峰值位置内侧（靠近巷道侧）; 为 "＋", 则在外侧（靠近实体煤侧）。

4.2.3 不同卸压长度煤巷围岩垂直应力响应规律

为了探究不同卸压孔长度对煤巷围岩稳定性的响应规律, 模拟研究了卸压位置距巷壁距离分别为 7 m、8 m、9 m、10 m、11 m、12 m 情况下, 卸压孔长度分别为 2 m、3 m、4 m、5 m 时煤巷围岩应力分布。本节以卸压位置距巷壁 10 m 为例展开详细分析, 其结果如图 4.9 所示。

卸压位置距巷壁 10 m 时, 不同卸压孔长度条件下煤巷围岩应力分布结果表明, 煤巷两帮布置不同长度的内部卸压孔时围岩应力总体分布规律近似相一致, 整体表现出如下主要特征。

（1）基于对煤巷两帮原支承压力峰值区域围岩进行内部造穴卸压后, 煤巷浅部锚杆索锚固支护区域（小直径钻孔钢管支撑加固区域）围岩应力与卸压前近似保持一致, 说明在此范围内造穴卸压不破坏煤巷浅部锚固承载结构围岩的稳定性, 验证了基于两帮煤体内部 10 m 卸压位置的合理性; 煤巷两帮原应力峰值区域围岩垂直应力值均显著降低, 且随着两帮深处内部卸压空间长度的增加其低应力区域范围随之增大。

（2）随着内部卸压空间长度的增加, 煤巷两帮围岩原支承压力峰值位置向深部转移效果越明显; 其中, 当内部卸压空间长度为 2.0 m 时, 卸压后两帮煤体围岩应力峰值向深部转移距离为 4.5 m; 当内部卸压空间长度增大至 5.0 m 时, 卸压后原支承应力峰值向深部转移, 距离高达 8.0 m。

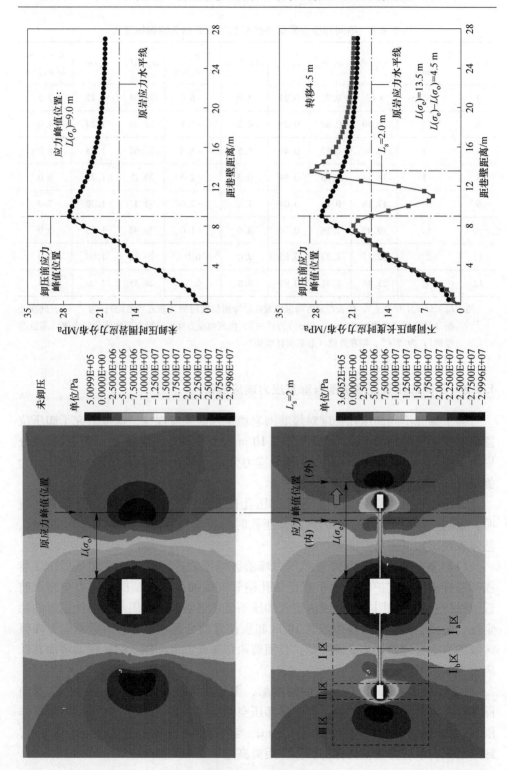

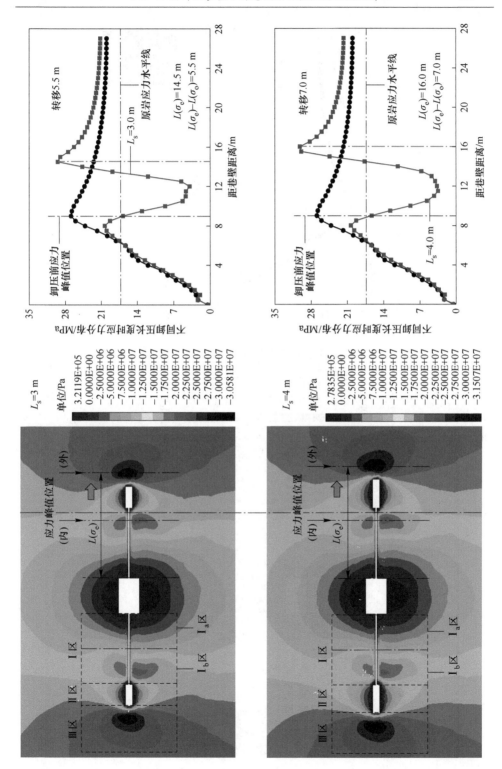

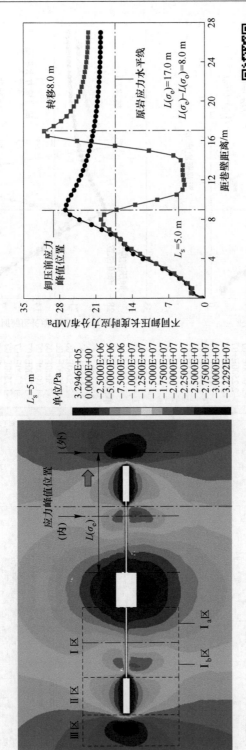

图 4.9 不同卸压孔长度下煤巷围岩应力分布

（3）随着内部卸压孔长度的增加，引起煤巷两帮煤体深处内部造穴弱结构缓冲区域（Ⅱ区）范围相应增加，由于该区域内采取内部大孔洞造穴使得围岩大范围处于低应力状态，且易发生造穴空间围岩的变形及其收缩，因此内部卸压空间长度增加时，显著提升了造穴孔洞空间吸纳围岩变形与动载应力波的能力，煤巷围岩卸压效果越显著。

（4）当采取内部卸压措施后煤巷两帮深部高应力转移区域Ⅲ区应力峰值位置不断向围岩更深处发生转移，转移后的应力峰值大小增幅不明显。

（5）煤巷浅部锚固承载区域Ⅰ区中Ⅰ$_a$和Ⅰ$_b$区面积基本不随内部造穴空间长度的变化而发生改变，由此进一步表征了采取在两帮煤体内部应力高峰区区域造穴卸压对煤巷浅部锚固支护区域围岩不发生明显弱化，即浅部围岩应力与卸压前近似保持一致。

试验煤巷两帮浅部 6.5 m 范围内煤体为锚索锚固承载结构体围岩，在此范围内造穴容易破坏煤巷浅部锚固支护承载结构围岩，因此选取内部卸压孔深度分别距巷壁为 7 m、8 m、9 m、10 m、11 m、12 m 时两帮围岩典型支承压力分布曲线进行深入分析，获得了不同内部卸压位置时卸压孔长度对煤巷围岩支承压力的迁变规律，如图 4.10 所示。

不同卸压位置时卸压孔长度对煤巷围岩应力的总体迁变规律如下。

（1）随煤巷两帮内部卸压孔位置的不断加深：1）煤巷浅部围岩内应力峰值大小、峰值位置逐渐接近于卸压前原应力峰值大小与位置；2）卸压后两帮深处外应力峰值大小逐渐升高，但其升高幅度随卸压位置不断加深而逐渐降低（呈逐渐接近于原应力峰值的趋势）；3）外应力峰值位置不断向更深处发生转移。

（2）煤巷两帮不同卸压孔位置条件下，卸压孔长度的变化基本不会导致卸

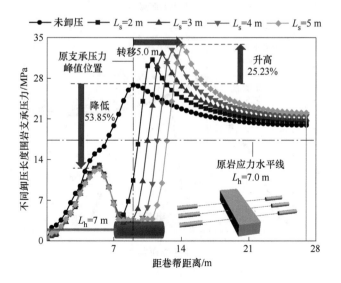

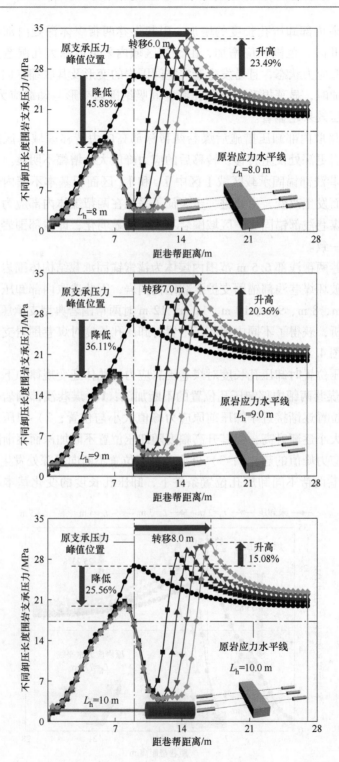

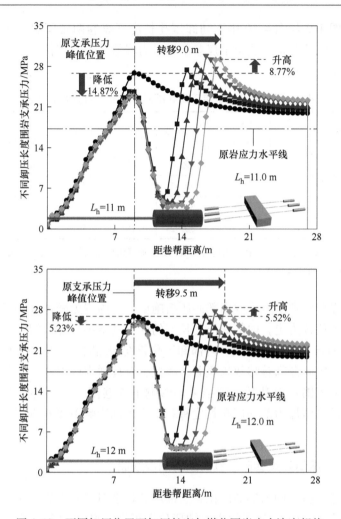

图 4.10 不同卸压位置下卸压长度与煤巷围岩应力演变规律

压孔位置以内（靠近巷道侧）围岩应力发生改变，即内应力峰值大小及其位置在不同卸压孔长度下保持不变，只引起更深处围岩外应力峰值大小、位置及造穴弱结构缓冲区域（Ⅱ区）面积发生改变。

（3）卸压孔长度分别为 2 m、3 m、4 m、5 m 时，煤巷两帮深处围岩外应力峰值分别为 28.8 MPa、29.47 MPa、30.14 MPa、30.92 MPa，外应力峰值增长梯度分别为：2 m→3 m(2.33%)，3 m→4 m(2.27%)，4 m→5 m(2.59%)。卸压孔长度分别为 2 m、3 m、4 m、5 m 时，煤巷围岩外应力峰值的位置分别向深部转移了 4.5 m、5.5 m、7.0 m、8.0 m，应力峰值转移效果增幅分别为：2 m→3 m(22.22%)，3 m→4 m(27.27%)，4 m→5 m(14.29%)。由此可见，卸压孔长度增加时，外应力峰值增长梯度不大但峰值位置向深部转移效果显著。

通过对图 4.9 与图 4.10 中不同卸压孔长度下煤巷两帮围岩支承压力的动态变化规律进行统计分析，获得了煤巷围岩应力峰值大小及其位置变化等关键指标结果，如表 4.5 所示。

表 4.5 不同卸压孔长度下煤巷围岩垂直应力的关键指标变化

L_{s}/m	σ_{i}/MPa	$L(\sigma_{i})$/m	$L(\sigma_{i}) - L(\sigma_{o})$/m	σ_{e}/MPa	σ_{e}/σ_{o}	$\nabla(\sigma_{e})$/%	$L(\sigma_{e}) - L(\sigma_{o})$/m	$\nabla[L(\sigma_{e}) - L(\sigma_{o})]$/%
2	20.75	8	−1	28.8	1.07	—	4.5	—
3	20.32	8	−1	29.47	1.1	2.33	5.5	22.22
4	20.32	8	−1	30.14	1.12	2.27	7	27.27
5	19.9	8	−1	30.92	1.15	2.59	8	14.29

注：$L(\sigma_{i}) - L(\sigma_{o})$ 为 " − "，代表内应力峰值位置在原峰值位置内侧（靠近巷道侧）；为 " + "，则在外侧（靠近实体煤侧）。

总之，煤巷两帮围岩采取内部卸压措施后，其内应力峰值大小及其位置主要由内部卸压孔位置决定，内部卸压孔长度的变化基本不会导致卸压位置以内（靠近巷道侧）围岩应力发生改变。内部卸压孔长度增加时，外应力峰值增长梯度不大但外峰值位置向深部转移效果显著，因此，合理增大内部卸压孔长度可扩大弱结构缓冲区域范围及提升其吸纳强采动影响下煤巷围岩变形与动载应力波的能力，提出了适当增加内部卸压孔长度有利于强采动影响下煤巷围岩取得良好的卸压控制效果。

4.2.4 不同卸压间距煤巷围岩垂直应力响应规律

基于前述分析不同内部卸压位置、卸压孔长度对煤巷围岩支承压力的互馈关系，初步探明了：（1）合理的内部卸压位置可有效转移深部高集中应力，且保障浅部锚固承载结构围岩稳定性；（2）合理的卸压孔长度有利于发挥强采动影响下吸收围岩变形及扰动应力波的作用，内部卸压孔洞群形成适宜尺寸的让压补偿空间可有效抵御煤巷围岩变形。根据以上初步研究得出的合理内部卸压位置、卸压孔长度，本节主要探究不同卸压孔间距条件下煤巷围岩卸压效果的影响特征，采取数值模拟方法研究了内部卸压位置距巷壁 10 m、卸压孔长度为 5 m 情况下，内部卸压孔间距分别为 2 m、3 m、4 m、5 m、6 m 时煤巷围岩支承压力分布规律，其应力分布云图和分布曲线分别如图 4.11 和图 4.12 所示。

不同卸压孔间距下内部卸压孔洞周围浅部围岩支承压力值均较低，卸压孔浅部均形成了一定程度的塑化破坏区。随着卸压孔间距的增大，各孔洞之间形成了一定程度的应力集中区，且随卸压孔间距越大应力集中越明显。不同卸压孔间距下煤巷围岩应力变化呈现如下特征。

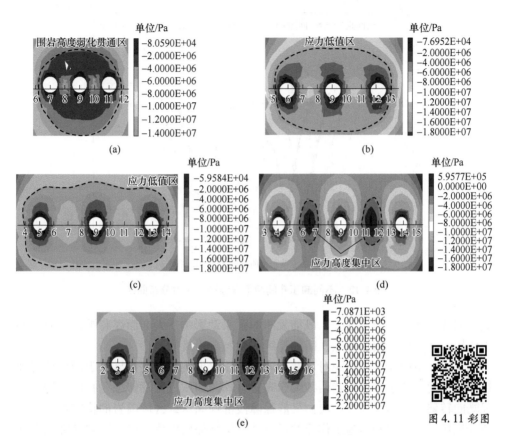

图 4.11 不同卸压孔间距下煤巷围岩应力分布云图
(a) $L_m = 2.0$ m; (b) $L_m = 3.0$ m; (c) $L_m = 4.0$ m; (d) $L_m = 5.0$ m; (e) $L_m = 6.0$ m

（1）当卸压孔间距 $L_m \leqslant 3$ m 时，由于孔洞间距较小，各卸压孔产生的应力低值区相互贯通，内部卸压孔周围形成大范围的弱力学环境，相邻卸压孔之间大部分围岩处于塑化失稳状态，当卸压孔间距分别为 2 m、3 m 时，邻孔围岩最大支承压力值仅为 7.13 MPa 和 10.8 MPa，远低于该深度下围岩的原岩应力值。若在 2~3 m 间距下进行造穴卸压，极易因过度充分卸压导致内部大孔洞空间的贯通式垮塌，间距过小在一定程度上不利于大断面煤巷围岩稳定。

（2）当卸压孔间距 $L_m \geqslant 5$ m 时，各卸压孔之间出现了明显的高支承压力集中区，特别是当卸压孔间距增大至 6 m 时，围岩的集中应力峰值可达 22.8 MPa（约为原岩应力的 1.33 倍），因此当卸压孔径确定时，内部造穴卸压孔间距过大时将引起煤巷围岩的非充分卸压。

（3）当卸压孔间距为 4 m 时，每两个卸压孔之间围岩受力接近于 14 MPa，卸压孔间煤岩体应力值略小于原岩应力，未形成高度集中的支承压力峰值区。因

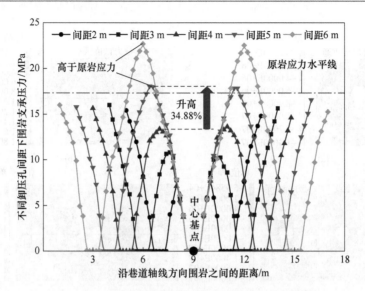

图 4.12   不同卸压孔间距下煤巷围岩应力分布曲线

此，当卸压孔间距为 4 m 时，既能发挥对强采动影响下大断面煤巷围岩的充分卸压作用，又能确保相邻卸压孔间的持续弱化与平稳吸能。

总之，不同卸压孔间距对煤巷围岩的卸压效果响应变化明显小于卸压位置及卸压孔长度，基于考虑煤巷两帮围岩布置合理的卸压位置及卸压孔长度，为了实现既能转移煤巷周围高集中应力又能保障浅部锚固承载区域围岩的稳定性，同时结合现场内部造穴卸压施工作业的可行性，综合提出煤巷两帮围岩内部卸压孔间距不超过 5 m，且不宜过小。

4.3   不同卸压参量下煤巷围岩偏应力迁变规律

基于 4.2 节介绍的不同造穴卸压参量下煤巷围岩垂直应力的分布、拓展及演化规律，为进一步探究不同内部卸压参数对煤巷围岩稳定性的响应规律，本节以偏应力为指标对不同卸压位置、卸压孔长度及卸压孔间距条件下煤巷围岩畸变破坏特征进行深入研究。

4.3.1   卸压前后煤巷围岩偏应力的关键指标

根据经典弹塑性理论，偏应力量化指标是由最大主应力、最小主应力与中间主应力综合确定的，偏应力控制岩体形状的改变，即引起材料发生塑性变形与破坏，揭示了岩体变形与破坏的本质力源主要是由剪应力引起的；偏应力克服了仅采取单一主应力为指标衡量围岩破坏机制的局限性，可直观表达围岩的畸变过程，更加符合围岩变形破坏的本质，因此偏应力对煤矿巷道围岩失稳破坏分析及其支护设计具有重要指导作用，本节选取偏应力指标分析不同卸压参量下煤巷围岩卸压控制效果。

岩体体积与形态的变化是物体在外力作用下的结果，研究表明各向相等的应力（球应力）控制岩体体积的改变，偏应力控制岩体形状（塑性变形及破坏）的改变，单元体的变形分解如图 4.13 所示。σ_i（$i = 1, 2, 3$，其中 $\sigma_1 \geqslant \sigma_2 \geqslant \sigma_3$）为 3 个相互垂直的主应力，则任一单元体六个平面上的力可以用一个应力张量表示：

$$\begin{bmatrix} \sigma_1 & 0 & 0 \\ 0 & \sigma_2 & 0 \\ 0 & 0 & \sigma_3 \end{bmatrix} = \begin{bmatrix} P & 0 & 0 \\ 0 & P & 0 \\ 0 & 0 & P \end{bmatrix} + \begin{bmatrix} \sigma_1 - P & 0 & 0 \\ 0 & \sigma_2 - P & 0 \\ 0 & 0 & \sigma_3 - P \end{bmatrix} \quad (4.1)$$

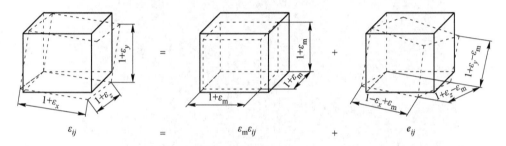

图 4.13　单元体变形分解图

等式右侧第一项为引起体积改变的球应力张量，其表达式为 $P = (\sigma_1 + \sigma_2 + \sigma_3)/3$，右侧第二项为引起岩体发生畸变的偏应力张量，其中，$\sigma_1 - P$ 为主偏应力，也称为最大主偏应力 S_1，在应力张量中起主导作用，其表达式为：

$$S_1 = \sigma_1 - \frac{\sigma_1 + \sigma_2 + \sigma_3}{3} \quad (4.2)$$

基于偏应力指标分析围岩畸变破坏的主要特点，本节构建了内部卸压后煤巷围岩偏应力分布的三个关键位点，分别为卸压前煤巷两帮偏应力峰值及其位置、卸压后内偏应力峰值及其位置（靠近巷道侧）、卸压后外偏应力峰值及其位置（靠近实体煤侧），如图 4.14 所示。表 4.6 所示为煤巷围岩内部卸压后偏应力各关键指标参数的符号及其主要释义。

以偏应力分析的关键卸压效果指标主要有 $L_h - L(s_o)$（造穴位置到煤巷两帮原偏应力峰值位置之间的距离）、s_i/s_o（煤巷两帮内偏应力峰值与原偏应力峰值之比）、$L(s_i) - L(s_o)$（内偏应力峰值位置到原偏应力峰值位置距离）、s_e/s_o（外偏应力峰值与原偏应力峰值之比）、$L(s_e) - L(s_o)$（外偏应力峰值位置到原偏应力峰值位置距离）、$\nabla(s_e)$（外偏应力峰值大小增长幅度）、$\nabla[L(s_e) - L(s_o)]$（外偏应力峰值位置转移幅度）。

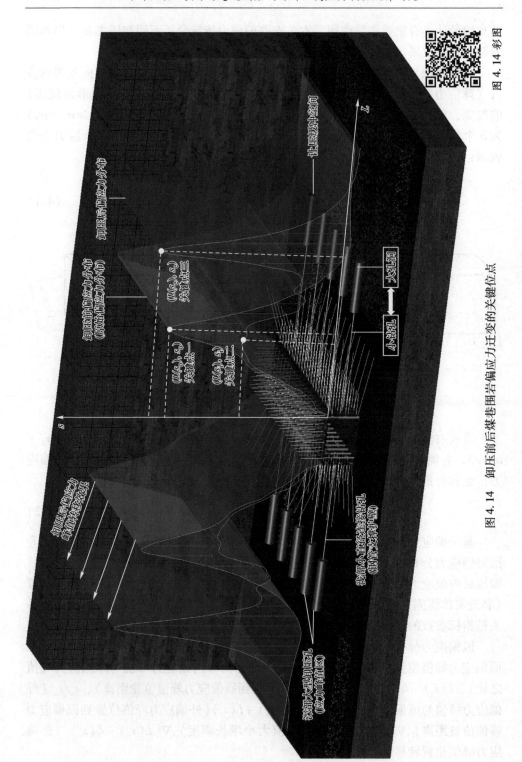

图 4.14 卸压前后煤巷围岩偏应力迁变的关键应点

图 4.14 彩图

表 4.6 煤巷围岩偏应力关键指标及释义

坐标点	指 标	符号	代 表 含 义
关键点一 $(L(s_o)$，$s_o)$	卸压前偏应力峰值距离	$L(s_o)$	卸压前，巷帮偏应力峰值与巷壁之间的距离
	卸压前偏应力峰值大小	s_o	卸压前，巷帮偏应力峰值的大小
关键点二 $(L(s_i)$，$s_i)$	卸压后内偏应力峰值距离	$L(s_i)$	卸压后，巷帮内偏应力峰值与巷壁之间的距离
	卸压后内偏应力峰值大小	s_i	卸压后，巷帮内偏应力峰值的大小
关键点三 $(L(s_e)$，$s_e)$	卸压后外偏应力峰值距离	$L(s_e)$	卸压后，巷帮外偏应力峰值与巷壁之间的距离
	卸压后外偏应力峰值大小	s_e	卸压后，巷帮外偏应力峰值的大小

4.3.2 不同卸压位置煤巷围岩偏应力响应规律

当卸压孔长度为 5.0 m，内部造穴卸压位置与巷壁距离分别为 4.0 m、6.0 m、7.0 m、8.0 m、9.0 m、10.0 m、11.0 m、12.0 m 时，煤巷围岩偏应力与卸压前对比结果如图 4.15 所示。

未采取内部卸压措施时，煤巷顶底板及两帮深处围岩形成高度集中的偏应力峰值带，顶板最大偏应力值超过 8 MPa，两帮偏应力峰值距离巷壁为 9.0 m，偏应力峰值约为 6.88 MPa。两帮煤体内部造穴卸压完成后，煤巷围岩偏应力发生重新分布，且随内部造穴卸压位置的变化而不断调整。两帮不同内部造穴卸压位置下煤巷围岩偏应力分布特征总结如下。

(1) 偏应力总体变化规律：煤巷两帮围岩采取不同内部造穴卸压位置时，发生重新分布的煤帮围岩偏应力呈不对称双峰型布置，煤巷顶底板原高度集中的偏应力峰值带在卸压后显著降低，两帮高偏应力峰值带由原巷道两帮深处转移至造穴卸压孔靠近实体煤侧，偏应力峰值显著向更深处转移。随着造穴孔深度的增加，内峰值（靠近巷道侧）逐渐增大并且不断趋近于原峰值大小，其峰值位置也不断靠近原峰值位置；外偏应力峰值大小逐渐减小，其峰值位置不断远离原峰值位置。

(2) 当卸压位置 $L_h \leq 7.0$ m 时，由于内部造穴卸压位置距离巷道较近，引起煤巷浅部锚固支护承载区域围岩应力值整体降低，造成两帮浅部围岩普遍处于低偏应力状态，易破坏浅部锚固承载结构区域围岩的稳定性；再者，在煤巷两帮浅部围岩（内部卸压起始位置 $L_h \leq 7.0$ m）造穴卸压时，其偏应力峰值位置向深部转移效果不明显。因此，在煤巷浅部 7.0 m 范围内实施造穴卸压不利于煤巷围岩的整体稳定。

(3) 当卸压位置为 L_h（8.0 m $\leq L_h \leq$ 10.0 m）时，煤巷两帮围岩偏应力峰值带向深部转移的距离范围为 5.5 m ~ 7.5 m，且转移后的外偏应力峰值与卸压位置为 $L_h \leq 7.0$ m 时相比显著降低，保障了煤巷两帮浅部 6.5 m 范围内锚固承载结构围岩的偏应力值近似保持不变，即保障了煤巷浅部围岩的承载能力和稳定性，特别是当 $L_h = 10.0$ m 时，煤巷浅部围岩近似不发生劣化，因此在此范围内造穴既实现了围岩的有效卸压，又保障了煤巷围岩的安全稳定。

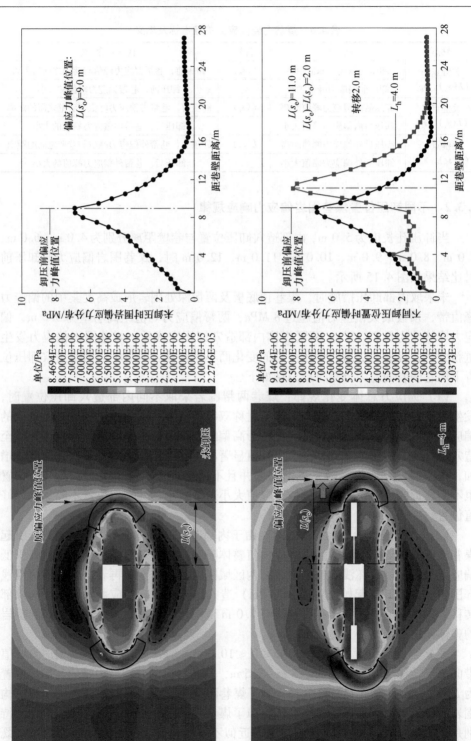

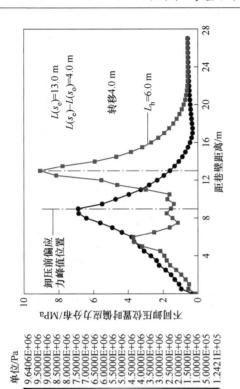

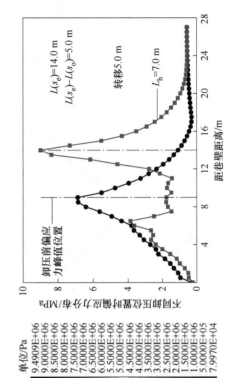

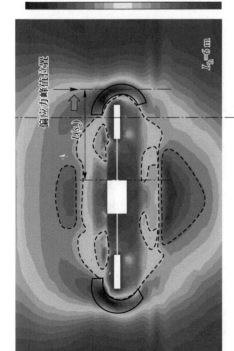

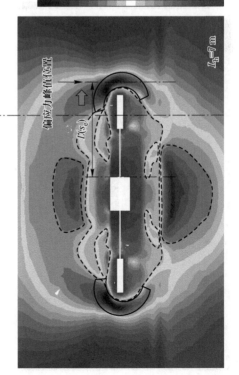

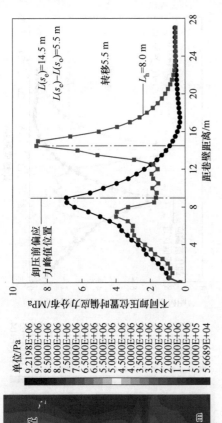

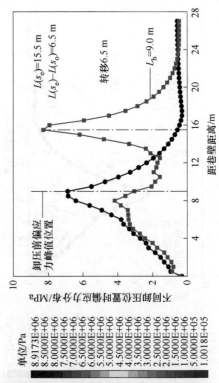

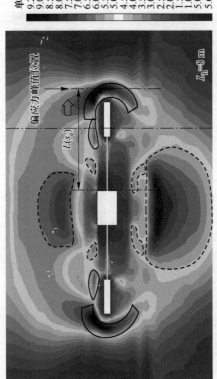

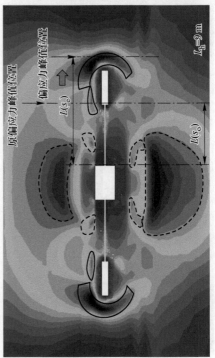

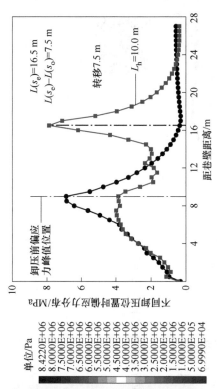

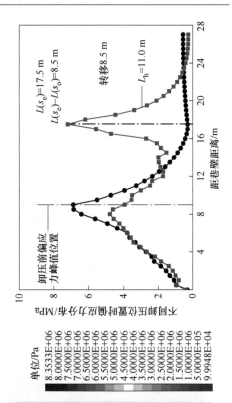

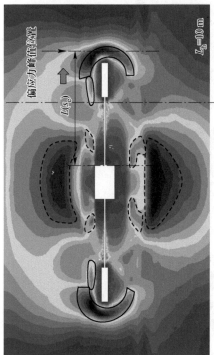

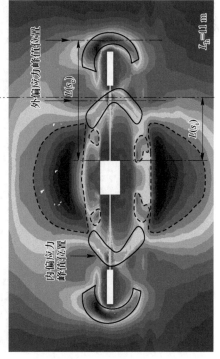

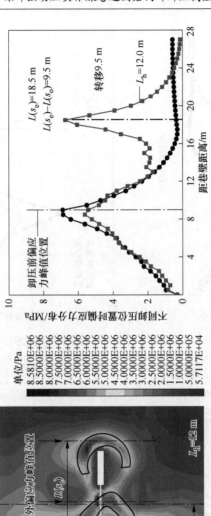

图 4.15　不同卸压位置煤巷围岩偏应力分布

（4）当卸压位置 $L_h > 11.0$ m 时，两帮外偏应力峰值向深部转移范围较大，且外偏应力峰值仍呈下降的趋势。但由于当造穴位置距离巷道较远时引起围岩内偏应力峰值显著增加，且不断接近于卸压前的原偏应力峰值，造穴卸压后煤巷浅部形成的高集中偏应力峰值带不利于围岩的整体稳定。因此煤巷两帮内部造穴卸压位置距离巷道较远时并不能实现良好的围岩卸压效果，反而会进一步诱发煤巷围岩产生畸变与破坏。

为了探究煤巷两帮围岩采取不同内部卸压孔长度条件下，不同卸压位置煤巷围岩偏应力的整体分布规律，开展了不同卸压位置煤巷围岩偏应力分布曲线及演化规律研究，图 4.16 所示为内部卸压孔的长度分别为 2.0 m、3.0 m、4.0 m 和

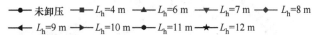

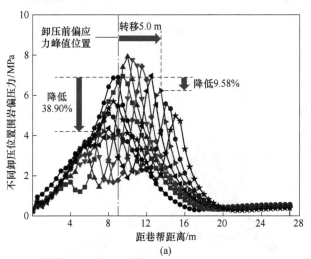

(a)

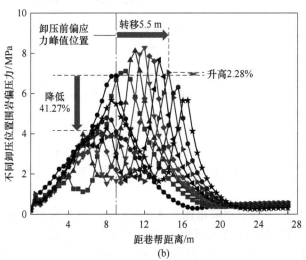

(b)

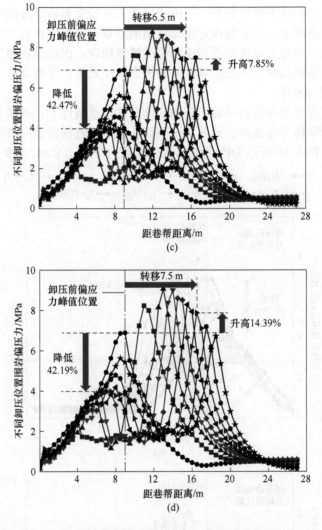

图 4.16　各卸压孔长度下不同卸压位置煤巷围岩偏应力分布
(a) $L_s = 2.0$ m; (b) $L_s = 3.0$ m; (c) $L_s = 4.0$ m; (d) $L_s = 5.0$ m

5.0 m 时，煤巷两帮不同卸压位置的围岩偏应力分布曲线。煤巷两帮不同卸压孔长度条件下，不同卸压位置煤帮偏应力分布规律近似一致；本节结合第 4.2 节垂直应力指标分析结果，以卸压孔长度为 5.0 m 时不同卸压位置煤帮围岩偏应力分布展开深入分析。

(1) 当卸压位置距巷壁距离范围为 4 ~ 7 m 时，内偏应力峰值大小远低于卸压前偏应力峰值，且煤巷两帮浅部围岩偏应力值整体偏低。当内部造穴深度由 4 m 增加到 6 m 时，外偏应力峰值由 8.23 MPa 增加至 9.07 MPa，偏应力峰值增长幅度为10.2%；当造穴深度由6 m增加到7 m时，外偏应力峰值由9.07 MPa减小为8.99 MPa，偏应力峰值变化较小；卸压位置距巷壁距离分别为4 m、6 m、7 m时，外偏应力峰值位置较未卸压时分别向深部转移了2 m、4 m、5 m。由此可见，在此深度范围内进行造穴卸压，向深部转移形成的偏应力峰值较大，不利于煤巷围岩稳定，且高偏应力向深部转移的效果不佳。

（2）当卸压位置距巷壁的距离范围为8～10 m时，内偏应力峰值大小及其位置基本保持不变，但外偏应力峰值及其位置变化幅度较大。卸压位置距巷壁距离分别为8 m、9 m、10 m时，内偏应力峰值分别为3.94 MPa、3.98 MPa、4.18 MPa，偏应力峰值变化维持在0.2 MPa以内，较卸压前偏应力峰值分别降低了2.94 MPa、2.90 MPa、2.70 MPa，其偏应力峰值位置距离巷帮分别为7.0 m、7.5 m、8.0 m，距卸压前偏应力峰值位置分别为2.0 m、1.5 m、1.0 m。外偏应力峰值随卸压位置的加深而不断减小，卸压位置距巷壁距离分别为8 m、9 m、10 m时，外偏应力峰值分别为8.60 MPa、8.29 MPa、7.88 MPa，偏应力峰值变化维持在0.4 MPa左右，其偏应力峰值位置距卸压前的偏应力峰值位置分别为5.5 m、6.5 m、7.5 m。由此综合来看，当煤巷两帮煤体内部造穴深度为10 m时，两帮内偏应力相对较小，且其外偏应力峰值转移效果较好。

（3）当卸压位置距巷壁的距离 $L_h > 11$ m时，内偏应力峰值大小及其位置逐渐趋近于卸压前的偏应力峰值水平。卸压位置距巷壁距离分别为11 m、12 m时，内偏应力峰值分别为4.79 MPa和5.62 MPa，相较卸压前的偏应力峰值分别降低了2.09 MPa、1.26 MPa，其偏应力峰值位置距离巷帮分别为8.0 m、8.5 m，距卸压前偏应力峰值位置分别为1.0 m、0.5 m、0 m。外偏应力峰值大小随卸压位置的加深而不断减小，当卸压位置距巷壁的距离分别为11 m、12 m时，外偏应力峰值分别为7.20 MPa和6.73 MPa。可见，在此深度范围内进行造穴卸压，内偏应力峰值大小与位置基本与卸压前原偏应力峰值水平相当，且对于卸压前两帮围岩高集中偏应力转移效果不理想，在此深度范围内进行造穴将显著弱化卸压空间对煤巷围岩的卸压保护作用。

通过对图4.15与图4.16中偏应力的动态变化指标进行统计和分析，得出表4.7所示的不同卸压位置煤巷围岩总体变化规律。

表4.7　不同卸压位置煤巷围岩偏应力的关键指标变化

L_h/m	$L_h - L(s_o)$ /m	s_i/MPa	s_i/s_o	$L(s_i)$/m	$L(s_i) - L(s_o)$/m	s_e/MPa	s_e/s_o	$L(s_e) - L(s_o)$/m
4	−5	2.49	0.36	4	−5	8.23	1.19	2
6	−3	3.66	0.53	5.5	−3.5	9.07	1.32	4

L_h/m	$L_h - L(s_o)$ /m	s_i/MPa	s_i/s_o	$L(s_i)$/m	$L(s_i) - L(s_o)$/m	s_e/MPa	s_e/s_o	$L(s_e) - L(s_o)$/m
7	-2	3.83	0.56	6.5	-2.5	9.0	1.31	5
8	-1	3.94	0.57	7	-2	8.60	1.25	5.5
9	0	3.98	0.58	7.5	-1.5	8.29	1.20	6.5
10	1	4.18	0.6	8	-1	7.88	1.14	7.5
11	2	4.79	0.7	8	0	7.20	1.04	8.5
12	3	5.62	0.82	8.5	-0.5	6.73	0.98	9.5

注：$L_h - L(s_o)$ 为 "-"，代表内偏应力峰值位置在原峰值位置内侧（靠近巷道侧）；为 "+"，则在外侧（靠近实体煤侧）。$L(s_i) - L(s_o)$ 为 "-"，代表内偏应力峰值位置在原峰值位置内侧（靠近巷道侧）；为 "+"，则在外侧（靠近实体煤侧）。

　　总之，不同卸压位置煤巷围岩偏应力分布总体呈现出相一致的演化规律：采取内部造穴卸压后，卸压孔两侧分别出现了内偏应力峰值（靠近巷道侧）、外偏应力峰值（靠近实体煤侧），内偏应力峰值明显小于外偏应力峰值。随着内部造穴卸压位置的加深，内偏应力峰值逐渐增加，并不断接近于卸压前两帮围岩偏应力峰值，其峰值位置亦不断接近于卸压前偏应力峰值位置；当两帮内部卸压孔的深度大于等于 6.0 m 时，随造穴卸压位置的加深，外偏应力峰值不断降低，峰值位置逐渐远离卸压前偏应力峰值位置，不同卸压位置煤巷围岩偏应力演变规律总体与 4.2 节垂直应力规律相一致。

4.3.3　不同卸压长度煤巷围岩偏应力响应规律

　　本节主要研究煤巷开挖以后，不同卸压位置条件下不同卸压孔长度煤巷围岩偏应力分布及其演化规律；以内部卸压位置距巷壁距离为 10 m 为例，不同卸压孔长度条件下煤巷围岩偏应力分布如图 4.17 所示。

　　煤巷两帮煤体内部卸压前，顶板及两帮围岩均形成高度集中、连续分布的高偏应力峰值带，煤巷两帮围岩的偏应力峰值约为 6.89 MPa，帮部围岩偏应力峰值位置距巷壁的距离为 9.0 m，顶帮煤岩体中大范围贯通式分布的高偏应力峰值区域环绕于试验煤巷四周，深部大断面煤巷围岩在高偏应力场的 "包裹" 下极易发生大变形破坏。

　　随着煤巷两帮深处内部卸压孔长度的不断变化，煤巷围岩偏应力亦发生不断调整。不同卸压孔长度下煤巷围岩偏应力总体分布特征可总结为：随着卸压孔长度的增加，造穴空间与煤巷之间（煤巷浅部锚固承载结构体围岩）的偏应力大

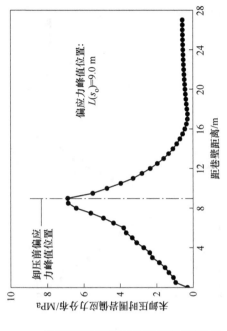

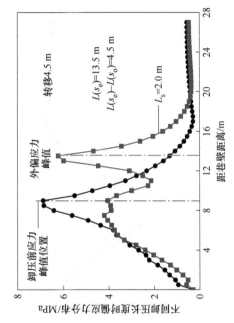

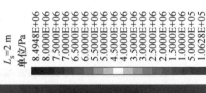

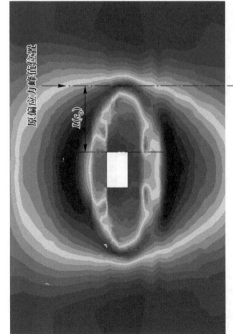

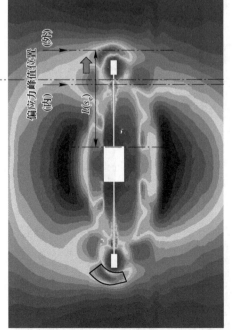

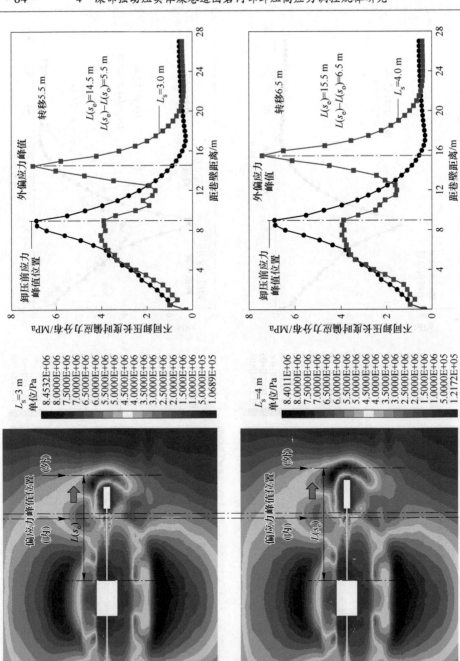

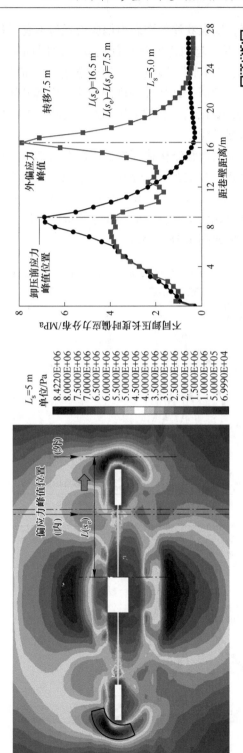

图 4.17 不同卸压孔长度下煤巷围岩偏应力分布

图 4.17 彩图

小及分布形态基本保持不变，即煤巷浅部围岩内偏应力近似不变（卸压位置一定时，卸压孔长度的变化基本不引起内部卸压空间与煤巷之间偏应力分布发生改变）；环绕于卸压空间端部的"环形"偏应力峰值带随着内部造穴长度的增加，其范围不断扩大（卸压位置一定时，卸压孔长度的变化只引起卸压孔更深处围岩的偏应力大小与分布形态发生变化），且偏应力峰值区域向围岩深处转移效果越好，其偏应力峰值以微小幅度增加。

　　考虑到煤巷浅部为锚索锚固承载结构体围岩，内部造穴卸压应以不破坏浅部锚固围岩稳定性为基础，因此本节主要研究煤巷两帮采取不同内部造穴卸压位置（卸压位置距巷壁距离分别为 7 m、8 m、9 m、10 m、11 m、12 m）时，不同内部卸压孔长度（卸压孔长度分别为 2 m、3 m、4 m、5 m）条件下煤巷围岩偏应力分布及其演化规律，其结果如图 4.18 所示。

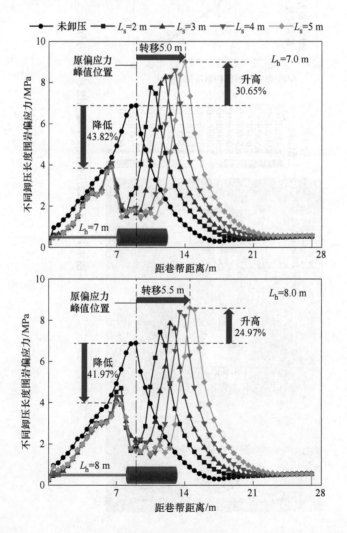

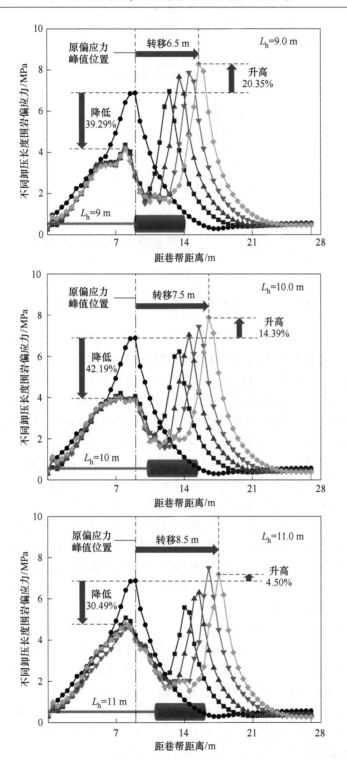

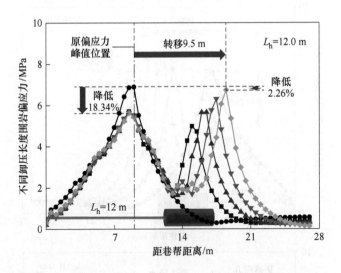

图 4.18 各卸压位置下不同卸压孔长度煤巷围岩偏应力分布

综合不同卸压位置条件下煤巷围岩偏应力的演化规律，得出了不同卸压孔长度下围岩偏应力分布曲线表现出近似相一致的变化规律，即采取 7 ~ 12 m 范围内的任何卸压位置情况下，内部卸压孔长度的变化基本不会导致煤巷浅部围岩锚固承载区（Ⅰ区）内偏应力峰值的大小及其位置发生变化，只会导致煤巷两帮深处高应力转移区（Ⅲ区）外偏应力峰值大小、位置及其内部造穴弱结构缓冲区（Ⅱ区）的面积发生一定程度变化。由于不同卸压位置煤巷围岩偏应力分布规律近似一致，本节选取卸压位置距巷壁距离为 10 m 时展开深入分析。

（1）内部卸压孔长度分别为 2 m、3 m、4 m、5 m 时煤巷围岩外偏应力峰值分别为 6.22 MPa、7.04 MPa、7.43 MPa 和 7.88 MPa，其中，卸压孔长度为 2 m 时的外偏应力峰值略小于卸压前的偏应力峰值大小；由上述不同卸压孔长度条件下煤巷围岩外偏应力峰值变化可知，随着内部卸压孔长度的增加，煤巷围岩两帮深处高应力转移区（Ⅲ区）外偏应力峰值大小增长梯度变化较小，各阶段卸压孔长度条件下外偏应力峰值增长梯度分别变化如下：2 m→3 m（13.18%），3 m→4 m(5.54%)，4 m→5 m(6.06%)。

（2）随着卸压孔长度的增加，外偏应力峰值位置不断向两帮更深处发生转移，与未卸压时帮部围岩应力峰值位置相比，内部卸压孔长度分别为 2 m、3 m、4 m、5 m，时煤巷围岩外偏应力峰值位置分别向深部转移了 4.5 m、5.5 m、6.5 m、7.5 m。相比于外偏应力峰值大小的变化幅度，外偏应力峰值位置向两帮深处转移幅度较大，各阶段卸压孔长度条件下外偏应力峰值位置增长梯度变化如下：2 m→3 m(22.22%)，3 m→4 m(18.18%)，4 m→5 m(15.38%)。

由上述结果综合分析得出：基于确保煤巷浅部围岩处于非高集中偏应力的前

提下，应当根据现场内部造穴卸压施工的可行性状况，合理增大内部卸压孔洞长度，进而促进巷帮高集中偏应力向深处围岩转移及为两帮深部围岩的体积膨胀变形提供较大的让压补偿空间，吸收强采动影响下动载破坏所产生的围岩应力波，切断煤巷两帮深部区域煤体持续向巷道空间大变形的传递过程。

通过对图 4.17 与图 4.18 中的不同卸压位置条件下的不同内部卸压孔长度煤巷围岩各变化指标进行统计和分析，得出了不同卸压孔长度条件下围岩偏应力各关键指标的变化特征，如表 4.8 所示。

表 4.8　不同卸压孔长度时煤巷围岩偏应力的关键指标变化

L_h/m	s_i/MPa	$L(s_i)/m$	$L(s_i) - L(s_o)/m$	s_e/MPa	s_e/s_o	$\nabla(s_e)/\%$	$L(s_e) - L(s_o)/m$	$\nabla[L(s_e) - L(s_o)]/\%$
2	4.20	7.5	-1.5	6.22	0.9	—	4.5	—
3	4.04	7.5	-1.5	7.04	1.02	13.18	5.5	22.22
4	3.96	7.5	-1.5	7.43	1.08	5.54	6.5	18.18
5	3.98	7.5	-1.5	7.88	1.14	6.06	7.5	15.38

注：$L(s_i) - L(s_o)$ 为 "-"，代表内应力峰值位置在原峰值位置内侧（靠近巷道侧）；为 "+"，则在外侧（靠近实体煤侧）。

由表 4.8 可知，在煤巷两帮采取任何内部卸压孔位置情况下，卸压孔长度的变化基本不会导致煤巷与卸压孔之间锚固承载区域（Ⅰ区）围岩的偏应力发生改变，即卸压孔长度的变化基本不会引起内偏应力峰值大小及其位置发生变化，只会导致内部造穴弱结构缓冲区域（Ⅱ区）面积、煤巷两帮深处高应力转移区（Ⅲ区）外偏应力峰值大小及其位置发生变化。

综上可知，随内部卸压孔长度的增加，外偏应力峰值大小增长梯度不大，但外峰值位置向更深处转移效果增幅较大，进一步论证了基于确保煤巷两帮内部造穴位置适宜的情况下，可合理增大内部卸压孔长度以扩大造穴弱结构缓冲区域（Ⅱ区）的大小，进而提升强采动影响下吸纳围岩变形与动载应力波的能力。

4.3.4　不同卸压间距煤巷围岩偏应力响应规律

基于第 4.2 节垂直应力指标，以及第 4.3 节不同卸压位置、卸压孔长度条件下围岩偏应力分布及其拓展演化规律，探明了较为合理的内部卸压位置及其卸压孔长度。基于上述合理的内部卸压位置及卸压孔长度，本节主要研究卸压位置距巷壁距离为 10 m、卸压孔长度为 5 m 情况下，内部卸压孔间距分别为 2 m、3 m、4 m、5 m、6 m 时，煤巷围岩偏应力分布特征，不同卸压孔间距下煤巷围岩偏应力分布云图和曲线分别如图 4.19 和图 4.20 所示。

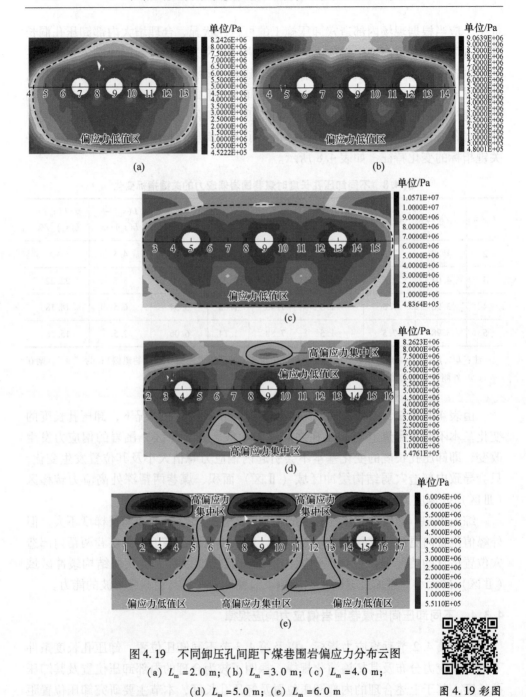

图 4.19　不同卸压孔间距下煤巷围岩偏应力分布云图

(a) $L_m = 2.0$ m；(b) $L_m = 3.0$ m；(c) $L_m = 4.0$ m；

(d) $L_m = 5.0$ m；(e) $L_m = 6.0$ m

图 4.19 彩图

　　通过图 4.19 分析得出，在不同卸压孔间距下，孔洞周围偏应力分布存在显著性差异。当内部卸压孔间距为 2～4 m 时，由于孔洞间距较小，内部造穴孔周

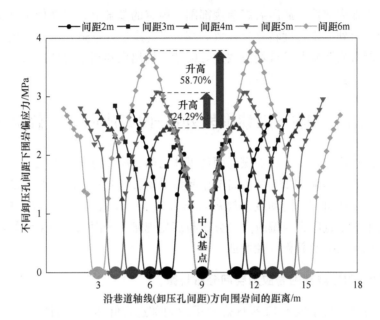

图4.20 不同卸压孔间距下煤巷围岩偏应力分布曲线

边围岩存在大范围分布的偏应力低值区，内部卸压孔围岩普遍处于低偏应力状态，在此间距下进行内部卸压，既保障了煤巷浅部锚固体围岩稳定，又实现了两帮原高偏应力显著向更深处发生转移，促使内部卸压孔之间围岩处于低应力水平。当内部卸压孔间距增大至 5～6 m 时，孔洞周边的高偏应力值向相邻卸压孔之间及孔洞顶底部转移，此时由于内部卸压孔间距过大，导致相邻卸压孔之间煤岩体高集中应力及能量未完全释放（卸压），特别是当卸压孔间距增大至 6 m 时，卸压孔顶部出现大范围高度集中的偏应力峰值带，高度集中的偏应力将引起内部卸压孔之间围岩的非充分卸压，煤巷两帮卸压孔为 5～6 m 间距条件下，相较于卸压孔间距为 2～4 m 时卸压效果不显著。

由图4.20分析可知，在不同内部卸压孔间距下，沿煤巷轴向方向两卸压孔之间围岩的偏应力峰值始终位于两卸压孔的中部位置，且随着卸压孔间距的增大，其应力峰值呈逐渐增加的趋势。当卸压孔间距为 5～6 m 时，卸压孔间围岩周边存在大范围高度集中的偏应力峰值区，较大的集中偏应力引起每相邻卸压孔之间围岩的非充分卸压。当卸压孔间距分别为 2 m、3 m、4 m 时，相邻卸压孔之间煤体围岩的最大偏应力值仅为 2.01 MPa、2.13 MPa、2.55 MPa，内部造穴卸压可促使煤巷两帮原集中分布的偏应力得到较大程度释放，可有效实现对煤巷围岩的卸压保护作用。

总之，基于研究内部卸压位置距巷壁距离为 10 m、卸压孔长度为 5 m 情况下，不同卸压孔间距时煤巷围岩偏应力分布，分析得出当卸压孔间距 $L_m < 5$ m

时，可在确保内部造穴卸压后煤巷浅部围岩稳定的基础上，实现使两帮深处原高集中偏应力得到一定程度转移或释放。综合考虑煤矿井下造穴施工进度、煤巷围岩卸压控制效果及矿井综合经济效益等因素，提出煤巷两帮内部造穴卸压孔间距应在 2 ~ 4 m 范围内，且不宜过小。

4.4　动压影响下煤巷围岩外锚-内卸协同调控效果分析

基于上述研究确定的深部煤巷两帮煤体内部卸压关键技术参数，为了分析内部卸压孔洞在受相邻 21215 大采高工作面强采动影响时对大断面煤巷的卸压保护效果，本节主要研究不同动载系数 k（$k = 1.0$，$k = 1.1$，$k = 1.2$，$k = 1.3$）条件下，煤巷围岩垂直应力与偏应力的分布与演化规律，进而揭示强采动影响下煤巷围岩卸压控制效果及其稳定性特征。

4.4.1　卸压前后煤巷围岩应力空间分布规律

为了对比分析东庞矿 12 采区煤巷采取内部造穴卸压前后围岩应力的空间分布规律，以偏应力指标为例，通过上述数值模拟方法研究了三维条件下煤巷围岩应力空间分布特征，结果如图 4.21 所示。

对于煤巷两帮深部区域煤体整体持续向煤巷空间运移，进而引起围岩大变形的联动破坏现象，实现强支护条件下的围岩卸压对控制煤巷稳定至关重要。由图 4.21 中煤巷围岩采取内部卸压前后围岩偏应力三维空间分布云图可以明显看出，内部卸压前，沿煤巷顶板及两帮，存在大范围连续贯通式分布的高偏应力集中区域，这是诱导围岩发生形状改变、围岩产生大变形破坏的本质力源，且高偏应力集中区域距离巷道越近，越容易引起煤巷围岩发生畸变破坏。当在煤巷两帮煤体原应力峰值区域实施内部造穴卸压技术后，两帮围岩于内部卸压空间两侧出现两个偏应力峰值带，分别为距离煤巷较近的浅部内低偏应力集中区域，和位于卸压孔靠近实体煤侧的深处外高偏应力集中区域，煤巷两帮主要的高集中偏应力峰值区域位于大型卸压孔洞的外侧，是引起煤巷帮部围岩形状改变、塑化运移与破坏的驱动力源。同时，煤巷两帮围岩内部卸压后，原顶板与两帮连续贯通式分布的高偏应力集中区域相互分离，在一定程度上减弱了强采动影响对煤巷围岩产生的大范围剧烈变形与破坏，相较于卸压前煤巷顶板与两帮贯通式分布的高偏应力峰值区域，卸压后顶帮相互分离的偏应力集中区域有利于维持深部巷道围岩稳定，促使深部煤巷在强采动期间围岩的综合稳定性。

总之，基于在深部煤巷两帮围岩原应力高峰区域内布置大型卸压孔洞群及煤巷浅部围岩加强支护-注浆改性等高强外锚技术的协同措施，可促使位于煤巷两帮深部区域围岩在高集中偏应力的驱动下引起的变形向两侧内部大型卸压孔洞群

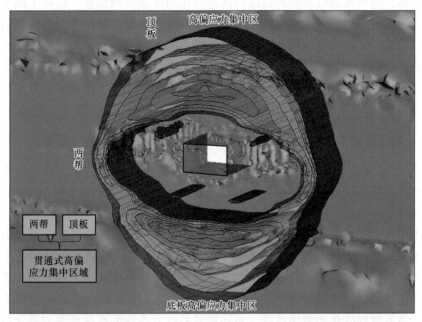

(a)

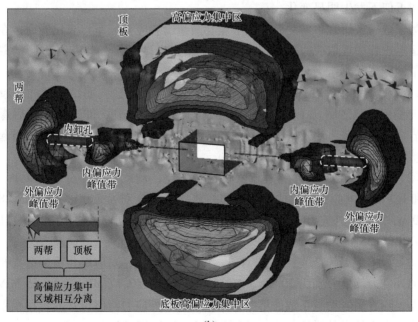

(b)

图 4.21　卸压前后煤巷围岩偏应力三维空间分布

（a）内部卸压前；（b）内部卸压后

发生运移，进而可有效阻断两帮深部区域煤体向煤巷空间运移，保障了强采动影响下煤巷浅部围岩不发生剧烈破坏且实现了两帮围岩应力峰值向深部转移的卸压效果。因此，针对煤巷两帮深部区域煤体持续向煤巷运移并作用于锚固围岩使其整体变形的联动破坏机理，外锚-内卸协同控制技术有效阻断了两帮深部煤体向煤巷空间运移的路径，显著改善了深部煤巷围岩应力状态，保障了强采动影响下煤巷围岩稳定。

4.4.2　动压影响下煤巷外锚-内卸协同控制效果的垂直应力响应规律

在 12 采区煤巷两帮浅部围岩外锚基础上，在深部应力高峰区域采取内部卸压措施，通过数值模拟方法研究了不同动载系数下煤巷围岩垂直应力分布，如图 4.22 所示。

由图 4.22 可知，随着动载系数 k 的逐渐增加，煤巷两帮围岩垂直应力总体表现出深部高应力转移区域（Ⅲ区）内围岩应力峰值随动载系数增加而不断增大的演化特征；与内部造穴孔深部的Ⅲ区域围岩演化规律相反，煤巷两帮煤体内部造穴弱结构缓冲区域（Ⅱ区）与锚固承载区域（Ⅰ区）内围岩垂直应力基本不随动载系数的变化而发生改变，不同动载系数下煤巷两帮浅部围岩垂直应力分布规律近似不发生明显变化。

为了进一步研究不同动载系数下煤巷两帮围岩应力分布与演化规律，在数值模拟运算进程中提取应力数据，并绘制了如图 4.23 所示的煤巷在不同动载系数条件下的围岩垂直应力分布曲线，其总体变化规律如下。

（1）动载系数的变化基本不会导致煤巷两帮内部造穴弱结构缓冲区域（Ⅱ区）与锚固承载区域（Ⅰ区）内围岩支承压力发生改变，即造穴卸压后煤巷两帮围岩内应力峰值大小及其位置不随动载系数的变化而发生改变，只会引起外应力峰值及其位置发生变化。

（2）与未造穴卸压时应力峰值及位置相比，动载系数 k 分别为 1.0、1.1、1.2 和 1.3 时，外应力峰值位置向深部的转移距离分别为 8.0 m、8.0 m、8.5 m 和 9.0 m，总体上外应力峰值向深部转移效果的增幅较小，分别为 1.0→1.1(0)、1.1→1.2(6.25%) 和 1.2→1.3(5.88%)。

（3）动载系数 k 分别为 1.0、1.1、1.2 和 1.3 时，对应煤巷两帮造穴孔深部围岩的外应力峰值分别为 30.92 MPa、35.60 MPa、40.77 MPa 和 44.65 MPa。由此可见，随着围岩动载系数的不断增加，相较于外应力峰值位置的转移幅度，外应力峰值大小的增长梯度较大，分别为 1.0→1.1(15.14%)，1.1→1.2(14.52%) 和 1.2→1.3(9.52%)。

根据不同关键指标的动态变化结果进行统计分析，得出表 4.9 所示的不同动载系数下煤巷围岩支承压力关键指标变化规律。

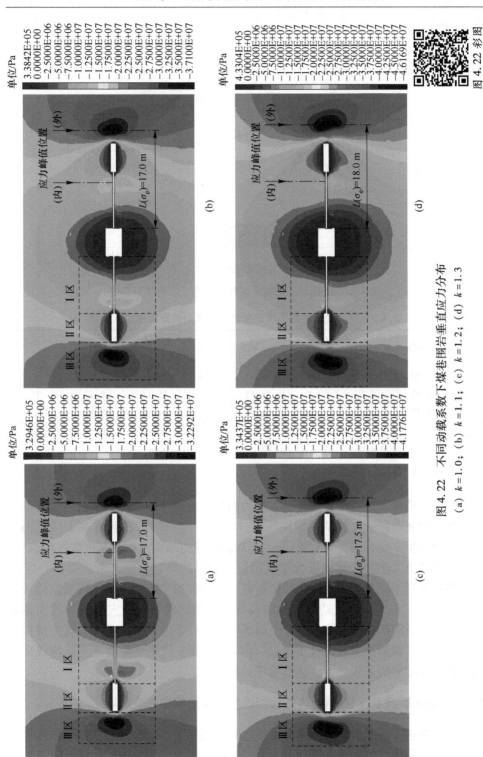

图 4.22 不同动载系数下煤巷围岩垂直应力分布

(a) $k=1.0$; (b) $k=1.1$; (c) $k=1.2$; (d) $k=1.3$

图 4.22 彩图

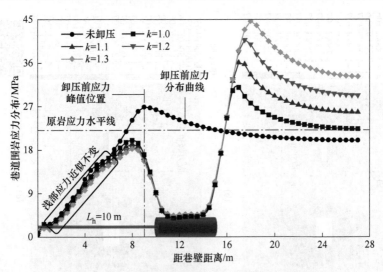

图 4.23 不同动载系数下煤巷围岩垂直应力分布曲线

表 4.9 不同动载系数下煤巷围岩支承压力关键指标变化规律

k	σ_i/MPa	$L(\sigma_i)$/m	$L(\sigma_i)-$ $L(\sigma_o)$/m	σ_e/MPa	σ_e/σ_o	$\nabla(\sigma_e)$/%	$L(\sigma_e)-$ $L(\sigma_o)$/m	$\nabla[L(\sigma_e)-$ $L(\sigma_o)]$/%
1.0	19.90	8	−1	30.92	1.15	—	8.0	—
1.1	19.20	8	−1	35.60	1.33	15.14	8.0	0
1.2	18.57	8	−1	40.77	1.52	14.52	8.5	6.25
1.3	18.22	8	−1	44.65	1.66	9.52	9.0	5.88

注：$L(\sigma_i)-L(\sigma_o)$ 为 "−"，代表内应力峰值位置在原峰值位置内侧（靠近巷道侧）；为 "+"，则在外侧（靠近实体煤侧）。

由不同动载系数下煤巷围岩垂直应力的演变规律可知，动载系数的变化基本不会导致煤巷两帮造穴弱结构缓冲区域（Ⅱ区）与锚固承载区域（Ⅰ区）围岩支承压力发生变化，只会导致外锚-内卸后的外应力峰值大小及其位置发生改变，且外应力峰值大小的变化幅度大于其位置向深部的转移幅度。由此得出，当 12 采区煤巷受到不同程度的动压扰动影响时，本书提出实施的内部造穴弱结构缓冲区域（Ⅱ区）的形成将使动压引起的高应力峰值区转移至造穴空间靠近实体煤侧，从而切断深部煤体持续向煤巷空间运移的路径，避免高集中应力区直接作用于靠近巷道的锚固承载区域（Ⅰ区），保障了煤巷在强采动影响下不破坏浅部锚固承载结构围岩的承载能力，从而实现卸压护巷。

4.4.3 动压影响下煤巷外锚-内卸协同控制效果的偏应力响应规律

基于煤巷浅部围岩外锚与深部煤体内卸协同控制技术后，采取数值模拟方法研究了不同动载系数条件下煤巷围岩偏应力的分布与演化规律，其结果如图 4.24

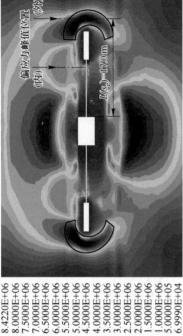

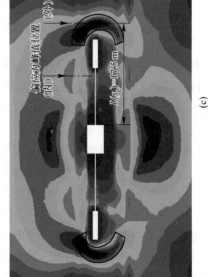

图 4.24　不同动载系数下煤巷围岩偏应力分布

(a) $k=1.0$；(b) $k=1.1$；(c) $k=1.2$；(d) $k=1.3$

图 4.24 彩图

所示。

随着动载系数 k 的增加，集中于内部卸压孔端部的"环形"高偏应力峰值区域范围逐渐增大，且当动载系数较大时，"环形"高偏应力峰值区将逐渐与集中在煤巷顶板的高偏应力区域发生一定程度贯通，从而在巷帮深部区域形成大范围连续分布的高偏应力峰值带。总体上不同动载系数下煤巷围岩偏应力分布规律与上述支承压力规律相一致，处于内部卸压孔与煤巷之间围岩的偏应力状态基本不随动载系数的增加而发生改变。

不同动载系数下煤巷两帮围岩偏应力分布曲线如图 4.25 所示，其总体变化规律总结如下。

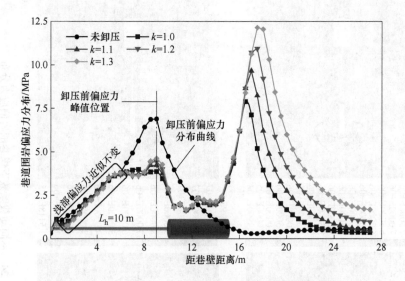

图 4.25 不同动载系数对煤巷围岩偏应力响应曲线

（1）动载系数的变化基本不会导致造穴空间与煤巷之间围岩偏应力发生变化，不同动载系数下，煤巷两帮围岩外偏应力峰值以内的应力曲线近似重合，内偏应力峰值大小及其位置基本不发生变化，只会导致两帮深处外偏应力峰值大小及其位置发生变化。

（2）与未卸压时的煤巷两帮围岩偏应力峰值位置相比，动载系数 k 分别为 1.0、1.1、1.2 和 1.3 时，外偏应力峰值位置向深部的转移量分别为 7.5 m、8.0 m、8.5 m 和 8.5 m，外偏应力峰值位置向深部转移增幅较小，分别为 1.0→1.1（6.67%），1.1→1.2（6.25%）和 1.2→1.3（0）。

（3）动载系数 k 分别为 1.0、1.1、1.2 和 1.3 时，外偏应力峰值分别为 7.88 MPa、9.64 MPa、10.94 MPa 和 12.14 MPa，随动载系数的增加，相较于外偏应力峰值位置转移幅度，外偏应力峰值大小增长梯度较大，分别为 1.0→1.1（22.33%），

1. 1→1. 2(13.49%) 和 1. 2→1. 3(10.97%)。

通过对各动态指标进行统计分析，得出表 4.10 所示的不同动载系数下煤巷围岩偏应力关键指标的变化规律，总体上，不同动载系数下煤巷围岩偏应力的变化规律与垂直应力规律相一致，验证了外锚-内卸协同控制技术对保障煤巷浅部锚固承载结构围岩稳定、抵御煤巷两帮围岩向外挤出变形及向深部转移煤巷周围高集中应力的重要作用。

表 4.10 不同动载系数下煤巷围岩偏应力关键指标变化规律

k	s_i/MPa	$L(s_i)$/m	$L(s_i) - L(s_o)$/m	s_e/MPa	s_e/s_o	$\nabla(s_e)$/%	$L(s_e) - L(s_o)$/m	$\nabla[L(s_e) - L(s_o)]$/%
1.0	3.98	7.5	−1.5	7.88	1.14	—	7.5	—
1.1	4.21	9.0	0	9.64	1.40	22.33	8.0	6.67
1.2	4.45	9.0	0	10.94	1.59	13.49	8.5	6.25
1.3	4.62	9.0	0	12.14	1.76	10.97	8.5	0

注:$L(s_i) - L(s_o)$ 为 "−"，代表内应力峰值位置在原峰值位置内侧（靠近巷道侧）；为 "+"，则在外侧（靠近实体煤侧）。

综上所述，动载系数的变化基本不会导致煤巷与内部卸压孔之间围岩的应力发生改变，只会导致位于内部卸压孔更深处的外应力峰值大小及其位置发生改变，且外应力峰值大小的变化幅度大于其位置向深部的转移幅度。因此，当 12 采区煤巷受到不同程度采动影响时，在煤巷两帮应力峰值区形成的内部造穴弱结构缓冲区域将使强采动引起的高集中应力峰值转移至内部卸压孔更深处的实体煤侧，切断煤巷两帮深部煤体向煤巷空间的运移路径，避免高集中应力对煤巷浅部锚固承载区围岩引起大范围塑化与破坏。总之，本书提出的外锚-内卸协同控制技术可显著向深部转移高集中应力并改善煤巷围岩应力状态，保障煤巷在强采动影响下的安全稳定。

4.5 合理内部卸压参量确定及影响程度分级

4.5.1 合理内部卸压参量的确定

基于煤巷两帮围岩不同内部造穴卸压参量［卸压位置（卸压孔最外侧距巷壁间的距离）、卸压孔长度（卸压孔延伸方向的长度）、卸压孔间距（每两个卸压孔中心线间的距离）］下围岩垂直应力及偏应力的分布、拓展及其演化规律，分析得出了煤巷两帮围岩合理内部卸压参数的确定依据。

（1）合理卸压位置的确定。为了实现巷道围岩长期稳定，既要维持浅部锚杆索主动支护区域围岩的稳定，又要保障巷道围岩处于良好应力环境中，因此，促使巷道围岩高集中应力向深部转移且保障浅部锚固支护区域围岩不被劣化是实现巷道围岩稳定控制的根本。基于不同卸压位置煤巷围岩垂直应力及偏应力的分布规律，总结凝练出不同内部卸压位置的三等级划分与标准（见图4.26）。1）良好卸压区：位于煤巷两帮2 m范围内的应力高峰区域（原峰值位置向内、外侧各延伸1 m），特别是在原峰值线外侧（靠近实体煤侧）进行造穴卸压，可将巷帮原高集中应力峰值显著向更深处发生转移，且不影响煤巷浅部锚杆索支护区域围岩的应力水平，同时可为锚索提供稳固的端头锚固基础。2）卸压破坏区：当造穴位置在2 m范围的应力高峰区内侧（A区域）时，煤巷围岩应力转移效果不明显，且易破坏煤巷浅部锚固支护区域围岩的完整性，容易诱发两帮锚固区域围岩失去承载能力。3）非充分卸压区：当煤巷两帮造穴卸压位置在2 m范围的应力高峰区外侧（C区域）时，内应力峰值大小与位置与卸压前基本保持一致，导致煤巷围岩的非充分卸压。总之，煤巷两帮围岩合理的内部卸压位置如图4.26中的B区域所示，合理内部卸压位置为卸压孔外端距巷壁10 m位置处。

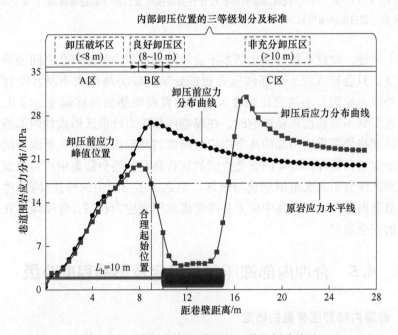

图4.26   不同内部卸压位置的三等级划分关系

（2）合理卸压长度的确定。由4.2节、4.3节煤巷两帮不同卸压孔长度下围岩垂直应力及偏应力的分布特征，总结得出了卸压后煤巷两帮内应力峰值大小及其位置主要由内部卸压位置确定，卸压孔长度的变化基本不会导致卸压位置以内（靠近巷道侧）围岩应力发生改变。当卸压孔长度增加时，外应力峰值增长梯度不大，但外峰值位置向深处转移效果增幅明显。因此，在保障煤巷浅部锚固支护区域围岩良好力学环境前提下，应根据现场工程施工情况，合理增大内部造穴卸压孔长度，由此形成较大的内部弱结构缓冲区可为巷帮围岩应力传递与体积膨胀变形提供让压补偿空间，进而吸纳强采动影响下煤巷围岩动载应力波，切断两帮深处围岩大变形向煤巷空间的传递过程。基于此，提出煤巷两帮合理的内部卸压孔长度为 5.0 m。

（3）合理卸压孔间距的确定。合理的内部造穴卸压位置可实现巷帮原高集中应力峰值向深处转移，且不影响煤巷浅部围岩的应力水平；内部造穴卸压孔长度的适当增加可扩大围岩弱结构缓冲区域范围，及提升吸纳强采动影响下围岩变形与动载应力波的能力。基于确定合理的内部造穴卸压位置、卸压孔长度，通过数值模拟方法研究得出当内部造穴孔间距 $L_m > 5$ m 时，造穴空间附近煤体出现明显的应力高峰区，较大的集中应力使得造穴孔之间围岩不充分卸压。当造穴间距为 2~4 m 时，由于间距较小，钻孔周围煤体围岩处于较低应力环境中，可确保煤巷两帮浅部锚固体围岩不被劣化的基础上实现高集中应力显著向深部发生转移。同时，结合理论计算获得的圆形卸压孔侧向围岩支承压力分布规律，得出了煤巷两帮合理的内部圆形卸压孔间距应小于 4.25 m，由上述数值模拟及理论计算结果，考虑到现场施工进度与矿井综合经济效益等情况，综合确定了合理的内部卸压孔间距为 4.0 m。

综上所述，根据东庞矿 12 采区煤巷围岩工程地质条件及履带式液压钻机的工作属性，综合确定了煤巷围岩外锚基础上的合理内部卸压关键参数，分别为：内部卸压孔为直径 1.0 m、长度 5.0 m 的近似圆柱体孔洞（液压钻机属性与煤体性质共同决定），液压钻机属性决定了卸压孔高度距煤巷底板距离不小于 1.2 m，煤巷两帮内部卸压孔位置距巷壁 10.0 m，卸压孔间距 4.0 m，两帮浅部 10.0 m 范围内小直径钻孔采取全长段钢管支撑加固，深部煤巷两帮围岩内部造穴卸压技术参数如图 4.27 所示。

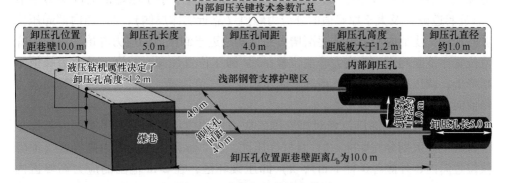

图 4.27　内部卸压关键参数图

4.5.2 造穴卸压参量影响程度分级

基于煤巷两帮不同内部卸压参量下围岩支承压力、偏应力内峰值与外峰值的分布及演变规律的汇总结果，结合现场液压钻机施工的固有属性特征（如卸压高度、内部卸压孔径等）及第 4.5.1 节确定的合理内部卸压参数，由各卸压参量对煤巷围岩卸压效果的响应特征及变化幅度，综合确定了影响煤巷围岩卸压效果的各参量范围，其中最为关键的参数指标为卸压位置。卸压位置直接反映了煤巷围岩卸压是否有效，决定了是否劣化煤巷浅部锚固承载结构围岩完整性，直接影响到煤巷围岩的卸压效果及其稳定性。其次为卸压孔长度，卸压孔长度的大小直接影响煤巷围岩高集中应力峰值的转移效果，决定了抵御煤巷围岩持续变形及吸收强采动影响下围岩动载应力波的能力，其在一定程度上影响煤巷围岩的控制效果。最后为卸压孔间距，内部卸压孔间距决定了煤巷围岩能否实现充分卸压，一定程度上影响煤巷围岩的总体卸压效果。以上不同内部卸压参数下煤巷围岩垂直应力及偏应力二者指标下的结果相一致，可相互验证影响程度分级的合理性。

总之，影响煤巷围岩卸压效果的主要参量程度分级为：卸压孔位置大于卸压孔长度大于卸压孔间距，因此设计巷道围岩内部卸压参数时，确定合理的内部卸压位置是保障巷道围岩卸压控制效果的重要基础条件，应优先设计出合理的卸压位置，其次考虑合理的卸压孔长度及卸压孔间距。

4.6 深部实体煤巷围岩卸压规律汇总

本章基于数值模拟方法研究了不同内部卸压参数对煤巷围岩卸压控制效果的响应规律，分析了合理的内部卸压参数范围并确定了适宜的卸压关键参数，深部煤巷围岩卸压规律汇总如下。

（1）内部卸压位置对煤巷围岩卸压效果的响应规律：1）卸压后煤帮支承压力峰值呈不对称双峰型分布，卸压孔两侧分别出现了小于原峰值的内应力峰值（靠近巷道侧）及大于原峰值的外应力峰值（靠近实体煤侧）；2）随内部卸压位置的加深，浅部内应力峰值逐渐增大并逐渐趋近于卸压前的应力峰值，内应力峰值位置亦不断趋近于原应力峰值位置；3）卸压位置加深时，深部外应力峰值不断降低，调压后峰值位置逐渐远离卸压前应力峰值位置，即卸压位置越深时应力峰值向深部转移效果越显著。

（2）基于不同卸压位置对煤巷围岩应力的响应特征，形成了不同内部卸压位置的三等级划分与标准：1）良好卸压区，在 2 m 范围内的应力高峰区（原峰值位置向内、外侧各延伸 1 m）；2）卸压破坏区，在 2 m 范围的应力高峰区内侧；3）非充分卸压区，在 2 m 范围的应力高峰区外侧，特别在原峰值线外侧

（靠近实体煤侧）造穴时卸压效果更为合理。

（3）卸压孔长度对煤巷围岩卸压效果的响应规律。采取内部卸压后，内应力峰值大小及其位置主要由卸压位置决定，卸压孔长度的变化基本不会导致卸压位置以内围岩应力发生改变。卸压孔长度增加时，外应力峰值增长梯度不大但外峰值位置转移效果显著，合理地增大卸压孔长度，可扩大其弱结构缓冲区域范围及提升吸纳围岩变形与动载应力波的能力。

（4）卸压孔间距对煤巷围岩的卸压效果响应明显小于卸压位置及卸压长度。当内部卸压孔间距 $L_m < 5$ m 时，可实现将原高集中应力显著向深部发生转移，综合考虑煤巷围岩卸压控制效果、现场施工时造穴进度及矿井综合经济效益等因素，内部卸压孔间距应在 $2 \sim 4$ m 范围内，且不宜过小。

（5）通过数值模拟方法阐明了内部造穴卸压驱使煤巷顶帮原高度集中的偏应力峰值区域相互分离，促使两帮应力峰值区显著向深部发生转移；揭示了采动系数的变化基本不会导致煤巷与内部卸压孔之间围岩应力发生改变，只会导致外应力峰值大小及其位置发生改变，且外应力峰值大小的变化幅度大于其位置向深部的转移幅度，验证了本书提出的外锚-内卸协同控制技术可显著向深部转移高集中应力并改善煤巷围岩应力状态，保障煤巷在强采动影响下的安全稳定。

（6）综合提出了东庞矿试验煤巷围岩合理的内部卸压关键参数：卸压孔为直径 1.0 m、长度 5.0 m 的近似圆柱体孔洞，卸压孔高度距底板的距离不小于 1.2 m，卸压孔外端距巷壁 10.0 m，卸压孔间距为 4.0 m，两帮浅部 10.0 m 范围内钻孔采取全长段钢管支撑加固。总结凝练出影响煤巷围岩卸压控制效果的主要卸压参量程度分级为：卸压位置大于卸压长度大于卸压间距，提出确定煤巷围岩内部卸压参数时其关键是设计合理的卸压位置，这是保障巷道围岩卸压控制效果的首要条件。

5 深部强动压沿空煤巷围岩内部 卸压高应力调控规律研究

基于第 4 章中对深部实体煤巷在不同造穴卸压参量（卸压位置、卸压孔长度及卸压孔间距）下围岩应力演变及迁移规律的研究结果，获得了深部强采动实体煤巷围岩内部卸压高应力调控规律，但针对深井沿空煤巷的内部造穴卸压参数及不同造穴参数下强动压沿空煤巷-造穴空间围岩的应力场规律，需开展进一步的相关研究。基于此，本章主要采用 FLAC^{3D} 数值模拟软件探究邢东矿 11216 运输巷（千米深井沿空掘巷）在不同造穴参量下的围岩应力反馈，系统研究静压、动压阶段不同造穴参量（造穴深度、造穴长度和造穴排距）下沿空掘巷围岩卸压效果，阐明各造穴参量对围岩卸压的影响程度及不同互联因素下巷道围岩垂直应力与偏应力的分布特征，最终确定邢东矿 11216 运输巷试验段内部造穴参数。同时阐明不同造穴参量下千米深井强动压沿空掘巷围岩的应力场规律，明晰造穴参量与内部造穴卸压效果的关系与程度，完善本书的研究体系，同时为类似工况条件下内部造穴参量的确定提供理论指导。

5.1 数值计算模型与研究方案

5.1.1 数值模型的构建

根据邢东矿 11216 工作面生产地质条件构建数值计算模型，选取造穴孔洞延伸方向（即沿煤层倾向）为 x 轴，运输巷轴向方向为 y 轴，竖直方向为 z 轴，由此构建如图 5.1(a) 所示尺寸为 200 m×80 m×70 m（$x \times y \times z$）的数值模型。如图 5.1(c) 所示，模型左右边界 x 方向速度为零，前后边界 y 方向速度为零，底部边界 x、y、z 方向速度均为零，顶部施加 22.39 MPa 的竖向应力模拟上覆岩层载荷，模型测压系数设置为 1.2。

5.1.2 模拟方案的设置

造穴空间参数主要由造穴深度、造穴长度、造穴排距、造穴孔直径、造穴孔与巷道空间的相对位置（即造穴孔角度）组成，造穴孔直径主要受造穴设备影响，为保证单孔最高施工效率，每个造穴孔直径依设备生产能力确定，本书选择的矿造穴设备可形成直径不小于 1 m 的孔洞空间，造穴孔角度的变化会改变造穴

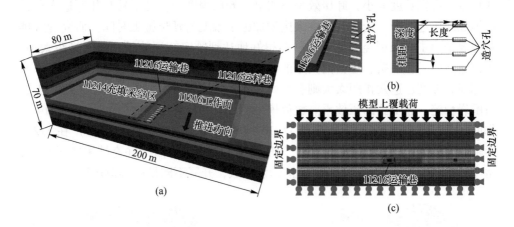

图 5.1　数值计算模型

(a) 数值模型；(b) 模型细节；(c) 边界

孔在竖直方向的位置。邢东矿造穴孔的制造主要采用水力造穴，造穴设备限制了造穴煤岩强度，结合邢东矿 11216 运输巷煤层倾角，本书固定造穴孔方向为沿煤层倾向，数值模拟中为沿水平方向，造穴孔开口位置与底板距离为 1.5 m。为系统研究不同造穴参数下沿空掘巷围岩应力的动态响应特征，根据试验可行性进行造穴卸压效果关键影响因素（造穴深度 L_1、造穴长度 L_2 与造穴排距 L_3）数值模拟的正交分析，设置不同因素条件下模拟方案（共计 13 个数值模型、15 个模拟方案），如表 5.1 所示。

表 5.1　造穴参数数值模拟方案

方案序号	造穴孔关键技术参数					
方案 1 ~ 5 (S_1 ~ S_5)	L_2/m	L_3/m	L_1/m				
	3.2	3.0	4.0	6.0	8.0	10.0	12.0
方案 6 ~ 10 (S_6 ~ S_{10})	L_1/m	L_3/m	L_2/m				
	8.0	3.2	1.0	2.0	3.0	4.0	5.0
方案 11 ~ 15 (S_{11} ~ S_{15})	L_1/m	L_2/m	L_3/m				
	8.0	3.0	1.6	2.4	3.2	4.0	4.8

如图 5.2 所示，本书主要研究 3 种关键参数，即造穴深度、造穴长度与造穴排距。研究造穴深度主要是为了保证巷帮峰值（或高值）应力的有效转移（即卸压），造穴深度太小会恶化浅部锚固煤岩应力环境；造穴深度太大则无法形成良好卸压效果。研究造穴长度主要是为了保证足够的卸压空间与应力向深部转移

的程度，造穴长度太小，卸压效果不明显，卸压程度低，且不易与相邻造穴孔贯通形成卸压连续带；造穴长度太大则增加施工难度与延长施工时间。研究造穴排距主要是为了在保证经济的条件下能很好地达到既定卸压效果，造穴排距太小，不仅会造成工程浪费，还会因大量的浅部钻孔施工而损坏浅部煤岩完整性，降低浅部煤岩强度；造穴排距太大则会在两造穴孔之间煤体形成应力集中，不利于巷道围岩稳定，起不到卸压效果。数值模型的主要开挖顺序为：（1）开挖 11214 工作面（并充填采空区）；（2）开挖 11216 运输巷与 11216 运料巷；（3）在 11216 运输巷实体煤帮开挖造穴孔；（4）分步开挖 11216 工作面（并充填采空区），模型中开挖步距设置为 5 m。对于不同造穴参数，开展不同批次模拟运算。

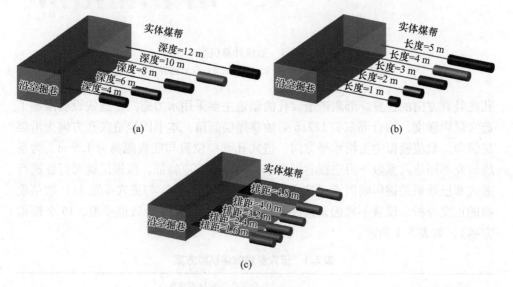

图 5.2   造穴孔关键参数
(a) 深度方案；(b) 长度方案；(c) 排距方案

需要说明的是，本模型的所有模拟方案均不考虑围岩锚固控制，因此，相对于现场实际情况，巷道空间自由变形，数值模型中的巷道围岩破坏深度（塑性破坏范围）更大。基于此，对于造穴深度的确定，不仅需要考虑数值模拟结果，还应结合现场实际情况（如钻孔窥视结果等）进行综合考虑。

5.1.3   模型监测方案与评价指标

（1）应力监测方案。为监测不同数值模拟方案下巷道-造穴孔围岩应力分布，提取不同模拟方案下相同位置应力数据，图 5.3(a) 为不同造穴深度、造穴长度下应力监测方案，其中监测密度为 0.5 m/个，实体煤帮监测深度为 30 m（动压阶段监测深度为 40 m），监测位置距离巷道底板 2.25 m。

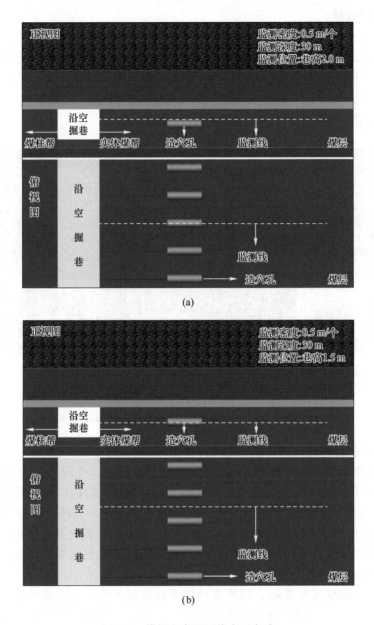

图 5.3　模拟方案监测线布置方式

（a）不同造穴深度、造穴长度；（b）不同造穴排距

　　图 5.3（b）为不同造穴排距下应力监测方案，其中监测密度、监测深度与其他模拟方案一致，监测位置距离巷道底板 1.75 m，沿巷道轴向上位于两造穴孔中间位置。各数值模拟方案均是在 FLAC³ᴰ 6.0 版本软件中实现的，该版本可直

接提取预获数据。

（2）巷道内部造穴卸压垂直应力评价指标体系。巷道围岩垂直应力是反映围岩应力状态最直观的应力指标，不仅可直接反映围岩承载性能，还可反馈采掘活动等改变围岩应力状态的应力行为，因此首先选择垂直应力作为评价内部造穴卸压技术的评价指标。结合内部造穴卸压原理与三个技术参数特征，构建如图5.4所示的围岩内部造穴卸压垂直应力评价体系。

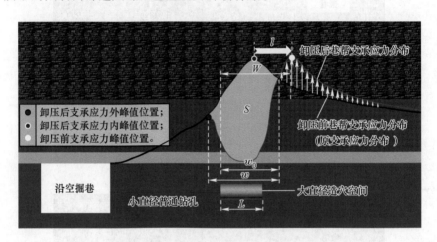

图5.4　内部造穴卸压垂直应力评价体系

L—造穴孔长度；w—卸压区宽度；w_0—有效卸压区宽度；S—卸压区面积；

l—垂直应力峰值点内移距离；W—原支承应力峰值区宽度

设置围岩内部造穴卸压垂直应力评价指标如下。

1）从图5.4可以看出，围岩卸压后会在巷帮形成2个应力峰值点，即靠近巷道的外峰值与围岩深部的内峰值，外锚-内卸的核心机理在于浅部围岩（锚固支护区）的应力不变性，即造穴卸压不影响浅部围岩应力分布，当造穴孔不改变浅部围岩应力场分布时，其卸压效果评价为优（good），反之为差（bad）。

2）应力峰值位置内移距离l，即原支承应力峰值位置向巷道深部（内峰值）转移的距离。

3）有效卸压区宽度w_0，即原支承应力峰值区（根据原支承应力分布规律，定义巷帮深度7.5～12.5 m为原应力峰值区）沿造穴孔轴向降低宽度，卸压区宽度w为原支承应力沿造穴孔轴向降低宽度，w_0越大，卸压效果越好。

4）同参数条件下围岩支承应力峰值区面积卸压参照系数k，以不同造穴深度为例，其参照系数等于造穴深度为4 m、6 m、8 m、10 m、12 m时的卸压区面积与造穴深度为4 m时的卸压区面积之比：

$$k = \frac{S_{j-i}}{S_{j-1}} \times 100\%$$
(5.1)

式中，S_{j-i}为对应造穴方案下卸压区面积，$j = 1$、2、3（研究造穴要素分别为深度、长度、排距），$i = 1 \sim 5$；S_{1-1}、S_{2-1}、S_{3-1}分别为方案1、方案6、方案11的卸压区面积。此外，定义原支承应力峰值区范围内的有效卸压参照系数为k_0，k_0越大，卸压效果越好。

5）为评价不同造穴长度形成有效卸压区宽度的程度，定义不同造穴长度条件下有效卸压区宽度w_0（偏应力时为m_0）与对应造穴长度的比值为K（可表征施工成本，造穴长度越大，成本越大），K值越大，造穴卸压性价比越高，表达式为：

$$K = \frac{w_0}{L_{2-i}} \times 100\% \tag{5.2}$$

式中，w_0为对应造穴长度条件下有效卸压区宽度，m；L_{2-i}为造穴长度，m，$i = 1 \sim 5$。评价指标为偏应力时，造穴长度卸压性价比为R。

（3）巷道内部造穴卸压偏应力评价指标体系。弹塑性力学表示，岩体中任意一点应力状态可以用一个应力张量表示，该应力张量可分解为偏应力张量和球应力张量，前者控制岩体的形状改变，后者控制岩体的体积改变，岩体变形主要包括塑性变形与形状变化，故偏应力对煤岩体破坏具有重要意义。此外，相对于垂直应力，偏应力可表征围岩一点的三个主应力状态，考虑范围更广泛，因此，选择主偏应力作为评价内部造穴卸压技术的第二个评价指标。

结合内部造穴卸压原理与三个技术参数特征，构建如图5.5所示的围岩内部造穴卸压偏应力评价体系。偏应力评价体系中各指标量与垂直应力评价体系类似，总结两个评价体系各指标信息如表5.2所示。

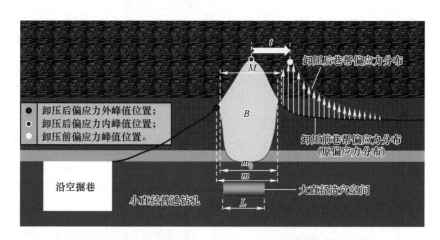

图 5.5 内部造穴卸压偏应力评价体系

L—造穴孔长度；m—卸压区宽度；m_0—有效卸压区宽度；B—卸压区面积；

t—偏应力峰值点内移距离；M—原偏应力峰值区宽度

表5.2 内部造穴卸压应力评价体系评价指标含义

应力指标	卸压评价相关指标	符号	指 标 含 义
垂直应力	卸压区宽度	w	卸压后，垂直应力下降区域沿钻孔轴向的宽度
	有效卸压区宽度	w_0	卸压后，原支承应力峰值区的垂直应力下降区域沿钻孔轴向的宽度
	卸压区面积	S	卸压后，支承应力分布曲线与原支承应力分布曲线包络的卸压区域面积
	垂直应力峰值点内移距离	l	原支承应力峰值点向深部转移的距离，即原支承应力峰值点与内峰值点的距离
	原支承应力峰值区宽度	W	原支承应力峰值区范围，本书定义实体煤帮深度7.5~12.5 m为支承应力峰值区
	卸压参照系数	k	同参数条件下围岩支承应力峰值区面积卸压参照系数
	有效卸压参照系数	k_0	同参数条件下围岩支承应力峰值区面积有效卸压参照系数
	造穴长度卸压性价比	K	不同造穴长度形成有效卸压区宽度的程度
偏应力	卸压区宽度	m	卸压后，偏应力下降区域沿钻孔轴向的宽度
	有效卸压区宽度	m_0	卸压后，原偏应力峰值区的偏应力下降区域沿钻孔轴向的宽度
	卸压区面积	B	卸压后，偏应力分布曲线与原偏应力分布曲线包络的卸压区域面积
	偏应力峰值点内移距离	t	原偏应力峰值点向深部转移的距离，即原偏应力峰值点与偏应力内峰值点的距离
	原偏应力峰值区宽度	M	原偏应力峰值区范围，本书定义实体煤帮深度7.5~12.5 m为偏应力峰值区
	卸压参照系数	r	同参数条件下围岩偏应力峰值区面积卸压参照系数
	有效卸压参照系数	r_0	同参数条件下围岩偏应力峰值区面积有效卸压参照系数
	造穴长度卸压性价比	R	不同造穴长度形成有效卸压区宽度的程度

5.2 静压阶段沿空掘巷围岩垂直应力的分布规律

5.2.1 造穴深度对沿空掘巷围岩垂直应力的分布规律

本节深入研究静压阶段、不同造穴深度条件下（造穴长度固定为 3 m，造穴排距固定为 3.2 m）深井沿空掘巷围岩支承应力分布规律，阐明造穴深度对静压阶段沿空掘巷内部造穴卸压效果的影响。图 5.6 为造穴深度为 4 m、6 m、8 m、10 m、12 m 条件下围岩垂直应力分布云图与对应的巷帮垂直应力分布曲线。

如图 5.6 所示，根据造穴孔位置，将沿空掘巷实体煤帮划分为 3 个区域：（1）巷道–造穴孔间的浅部围岩承载区（Ⅰ区），即巷道围岩表面至造穴孔间区域；（2）深部造穴破碎区（Ⅱ区），即沿钻孔轴向造穴孔及其前后破碎段煤体段；（3）高支承应力分布区（Ⅲ区），即造穴孔形成后巷帮高支承应力向更深部转移区域。根据不同造穴深度条件下 3 个区域分布规律，分析支承应力随造穴深度的演化规律，结合巷道内部造穴卸压支承应力评价指标体系，评估各方案的卸压效果。

（1）当造穴深度由 4 m 增加至 8 m 过程中，巷道实体煤帮"三区"应力分布仍呈现应力低值区（Ⅰ区）→造穴破碎区（Ⅱ区）→应力高值区（Ⅲ区）的分布规律，但当造穴深度由 8 m 增加至 10 m 时，Ⅰ区应力分布发生分化（分化为Ⅰ-1 区与Ⅰ-2 区），靠近造穴孔位置出现应力峰值区（Ⅰ-2 区），随着造穴深度增大，该应力峰值区范围与大小均发生增长。

（2）由图 5.6 应力曲线形态可知，造穴孔形成后，造穴孔的存在会将巷帮单峰应力状态转变为双峰应力状态，即外峰（靠近巷道）与内峰（造穴孔更深处），随着造穴深度逐渐增大，支承应力外峰与内峰逐渐向深部转移，外峰值呈递增趋势，当造穴孔与原支承应力峰值位置距离较远，外峰将与原支承应力单峰重合，内峰由与原支承应力单峰重合状态向深部转移，且峰值大小呈递减趋势。从双峰形态与大小随造穴深度变量变化的过程中可以看出，造穴深度为 8 m 左右时，浅部应力分布（从巷道表面至外峰位置）与原支承应力分布一致，符合造穴卸压基本原理，即浅部应力不变性。

（3）已知 11216 运输巷无采掘情况下地应力（原支承应力）为 24 MPa，无造穴情况下，巷道实体煤帮支承应力峰值深度为 10.5 m，峰值为 72.42 MPa，造穴深度为 4～12 m 时，支承应力外峰值依次为 11.48 MPa、21.40 MPa、33.51 MPa、57.84 MPa、70.94 MPa，则外峰值与原支承应力比值（即外峰支承应力增长系数）分别为 0.48、0.89、1.40、2.41、2.96。从数据中可以看出，当造穴深度由

8 m 增加至 10 m 时，巷道-造穴孔间应力值激增，应力增长系数由 1.40 骤增至 2.41，高应力不利于围岩稳定，易造成该处煤体失稳，破坏其锚固承载能力。造穴深度为 4 ~ 12 m 时，支承应力内峰值依次为 70.12 MPa、71.94 MPa、73.13 MPa、66.53 MPa、61.68 MPa，则内峰值与原支承应力比值（即内峰支承应力增长系数）分别为 2.92、3.0、3.05、2.77、2.57，造穴深度对内峰值影响程度不大。

(4) 造穴深度为 4 ~ 12 m 时，应力峰值位置内移距离依次为 0.0 m、1.0 m、2.5 m、4.5 m、6.0 m，当造穴深度达到 8 m 以上时的应力峰值内移距离才能起到较好的卸压效果，但外峰值又会逐渐恶化卸压效果（造穴深度太大时），因此，选择合理的造穴深度对于巷道围岩有效卸压至关重要，对于邢东矿 11216 运输巷这一既定条件的内部造穴工作，当造穴深度为 8 m（或 10 m）时，一方面，外峰值既可保证浅部围岩应力不变性，不破坏浅部锚固体结构，给浅部支护结构提供良好的应力环境；另一方面，内峰值内移距离的程度良好，从支承应力分布规律来看，造穴深度为 8 ~ 10 m 时，相较而言更符合本工况。

(5) 造穴深度为 4 ~ 12 m 时，造穴空间形成的卸压区宽度依次为 5.0 m、5.5 m、5.0 m、5.0 m、5.8 m，有效卸压区宽度依次为 1.0 m、3.5 m、4.5 m、3.5 m、2.5 m。从数据来看，造穴深度基本不影响卸压区宽度的范围，但对有效卸压区宽度影响较大，造穴深度为 8 m 时，有效卸压区宽度最大，卸压效果最好。造穴深度为 4 ~ 12 m 时，卸压参照系数依次为 1.0、2.1、2.8、3.0、2.6，有效卸压参照系数依次为 1.0、18.1、34.8、29.8、9.8，造穴深度对卸压参照系数影响程度不大，对有效卸压参照系数影响程度较大。已知有效卸压参照系数越大，同一造穴参数条件下，围岩卸压效果越好，结合数据可以看出，造穴深度为 8 m 时，卸压效果最好。

(6) 从巷道围岩外锚-内卸的核心机理角度评价造穴卸压效果，即造穴卸压不影响浅部围岩应力分布。造穴深度为 4 ~ 6 m 时，卸压效果评价为差（bad），主要是浅部围岩锚固范围为 0 ~ 6 m，此时应力曲线虽满足浅部应力不变准则，但造穴空间的存在主观上破坏了围岩结构，不符合围岩外锚控制机理；造穴深度为 8 m 时，卸压效果评价为优（good），此时浅部围岩既满足应力不变准则，造穴区卸压效果也很好（原支承应力峰值应力被有效"卸掉"）；造穴深度为 10 m，卸压效果评价为优，此时浅部围岩应力值（靠近造穴孔区域）发生轻微增长，但增压后的值未超过原支承应力峰值，即未被持续破坏；造穴深度为 12 m 时，卸压效果评价为差，浅部围岩应力值（靠近造穴孔区域）持续增长，有效卸压区宽度与有效卸压参照系数骤降。

汇总图 5.6 中静压阶段不同造穴深度条件下围岩垂直应力卸压指标，如表 5.3 所示。

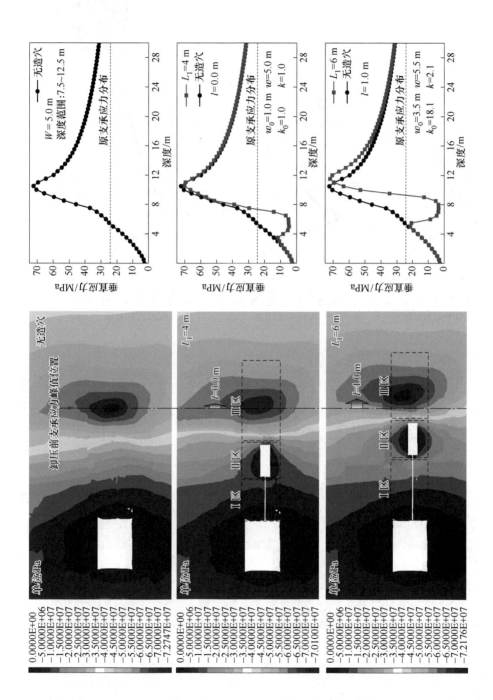

图 5.6 彩图

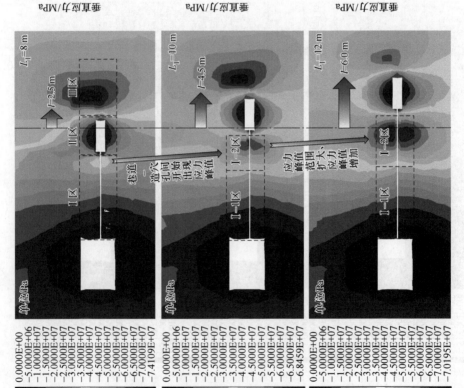

图 5.6　静压阶段不同造穴深度支承应力分布

表5.3 静压阶段不同造穴深度垂直应力卸压指标量

卸压指标	不同造穴深度方案				
	S_1	S_2	S_3	S_4	S_5
l/m	0.0	1.0	2.5	4.5	6.0
$w_0/w(m/m)$	1.0/5.0	3.5/5.5	4.5/5.0	3.5/5.0	2.5/5.8
$k_0/k(m/m)$	1.0/1.0	18.1/2.1	34.8/2.8	29.8/3.0	9.8/2.6
造穴卸压效果（浅部应力不变）	bad	bad	good	good	bad

结合图5.6与表5.3数据，可以看出，邢东矿11216运输巷实体煤帮内部造穴深度为8~10 m时，围岩卸压效果最好，此时不仅可实现支承应力峰值区的有效内移，还可将浅部锚固支护区应力保持到原支承应力分布状态，为外锚提供更加稳定的锚固基点。

5.2.2 造穴长度对沿空掘巷围岩垂直应力的分布规律

本小节主要研究静压阶段、不同造穴长度条件下（造穴深度固定为8 m，造穴排距固定为3.2 m）深井沿空掘巷围岩支承应力分布规律，阐明造穴长度对静压阶段沿空掘巷内部造穴卸压效果的影响。图5.7为无造穴以及造穴长度为1 m、2 m、3 m、4 m、5 m情况下，围岩支承应力分布云图与巷帮支承应力分布曲线。与图5.6所示一致，根据造穴孔位置，将沿空掘巷实体煤帮划分为3个区域，即浅部应力低值区（Ⅰ区）、造穴破碎区（Ⅱ区）与应力高值区（Ⅲ区），根据不同造穴长度条件下3个区域应力分布规律，分析支承应力随造穴长度的演化规律，并评估各造穴长度方案的卸压效果。据图5.7可得：

（1）在所有造穴长度方案中，巷道实体煤帮"三区"应力分布（由浅部向深部）均呈现应力低值区（Ⅰ区）→造穴破碎区（Ⅱ区）→应力高值区（Ⅲ区）的分布规律，不同造穴长度条件下的Ⅰ区、Ⅲ区宽度基本一致，Ⅱ区宽度随造穴长度增加而增加，Ⅲ区的位置随造穴长度增加而向深部转移，应力峰值区（内峰）形态基本无变化。由图5.7应力曲线形态可知，当造穴深度固定为8 m，随着造穴长度逐渐增大，支承应力外峰值及其位置基本不发生变化，内峰逐渐向深部转移，内峰值呈微递减趋势；从不同造穴长度方案下双峰位置与形态演化规律可以看出，造穴长度对浅部围岩应力环境没有影响，此时的浅部应力分布与原支承应力分布一致，符合造穴卸压基本原理。

（2）造穴长度为1~5 m时，支承应力外峰值依次为34.00 MPa、33.84 MPa、33.51 MPa、34.01 MPa、34.00 MPa，则各造穴长度方案的外峰支承应力增长系数分别为1.42、1.41、1.40、1.42、1.42。从数据中可以看出，各造穴长度方案

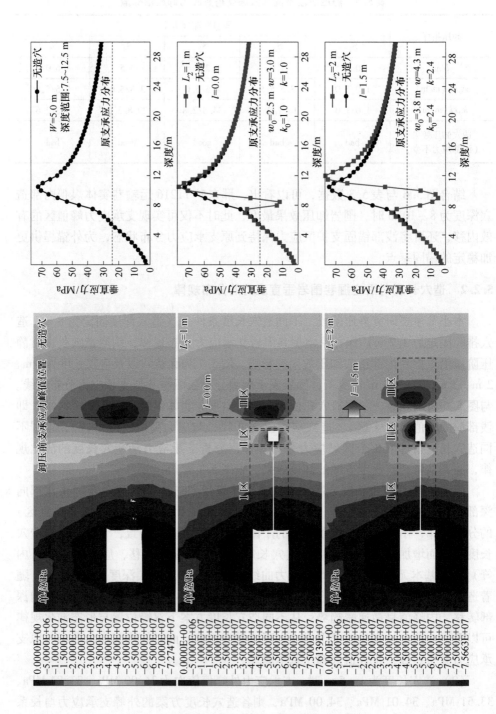

图 5.7 彩图

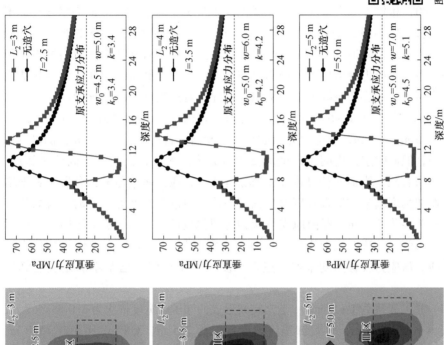

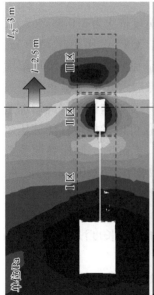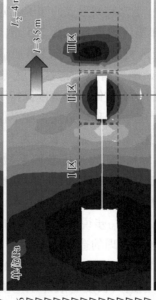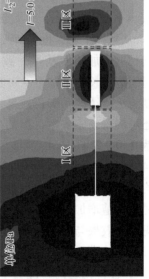

图 5.7　静压阶段不同造穴长度支承应力分布

外峰值基本保持一致，造穴长度因素不会影响巷道浅部围岩应力分布。造穴长度为 1～5 m 时，支承应力内峰值依次为 76.12 MPa、74.74 MPa、73.13 MPa、72.02 MPa、69.54 MPa，则内峰支承应力增长系数分别为 3.17、3.11、3.05、3.00、2.90，相较于原支承应力单峰增长系数 3.02，各造穴长度的内峰值变化不大，但呈微递减趋势，造穴长度增加至 4 m，内峰值开始小于原支承应力单峰值。从各方案应力峰值大小与分布情况来看，造穴长度对巷帮支承应力的大小影响很小，主要对应力峰值位置与应力分布形态产生较大影响。因此，评价各造穴长度方案时，应主要考虑峰值应力的内移情况与对造穴空间的需求量。

（3）造穴长度为 1～5 m 时，应力峰值位置内移距离依次为 0.0 m、1.5 m、2.5 m、3.5 m、5.0 m，从应力分布曲线可以看出，若造穴长度为 1 m，仍可发挥卸压效果，但此时造穴空间未改变原支承应力峰值大小，只起到了高值区卸压，且卸压效果有限。当造穴长度由 2 m 增加至 5 m，应力峰值位置内移距离逐渐增大，且增加幅度基本与造穴长度增加幅度一致。当造穴长度为 4 m 时，应力峰值位置内移距离为 3.5 m，即由原支承应力峰值深度的 10.5 m 转移至 14 m，此时的内应力峰值已无法对浅部围岩锚固范围（深度为 0～6 m）内的煤岩体稳定性构成威胁。从应力转移角度来看，造穴深度大于 4 m 时，已基本满足围岩卸压需求。

（4）造穴长度为 1～5 m 时，造穴空间形成的卸压区宽度依次为 3.0 m、4.3 m、5.0 m、6.0 m、7.0 m，有效卸压区宽度依次为 2.5 m、3.8 m、4.5 m、5.0 m、5.0 m。从数据上看，围岩卸压区宽度随造穴长度增加呈递增趋势，且增加幅度与造穴长度增加幅度基本一致，围岩有效卸压区宽度与造穴长度也呈正相关关系，但当造穴长度增加至 4 m 后，有效卸压区宽度保持不变，这说明单纯增加造穴长度无法持续改善卸压效果，选择合理的造穴长度不仅可以发挥最好的卸压效果，还可降低施工成本，提高生产效率。造穴长度为 1～5 m 时，卸压参照系数依次为 1.0、2.4、3.4、4.2、5.1，有效卸压参照系数依次为 1.0、2.4、3.4、4.2、4.5。从数据可以看出，随着造穴长度增加，卸压参照系数与有效卸压参照系数均逐渐增加，前者增加幅度稳定，当造穴长度由 4 m 增加至 5 m 时，有效卸压参照系数值增加幅度不明显，这进一步说明了无谓增加造穴长度没有意义，4 m 是考虑卸压效果与施工成本后较为合理的造穴长度。

（5）造穴长度为 1～5 m 时，造穴长度卸压性价比分别为 2.5、1.9、1.5、1.25、1，性价比越高，说明单位造穴长度有效卸压范围越大，围岩卸压效果越好。从数据中可以看出，性价比与造穴长度呈正负相关趋势，当造穴长度大于 1.0 m 时，其性价比变化幅度不大，但当造穴长度大于 4.0 m 后，势必会造成以下后果：1）施工时间增加，造穴设备影响巷道运输等工作；2）增加施工成本，当合理的造穴长度已经满足卸压要求时，徒增造穴长度势必会增加施工成本。

（6）从巷道围岩外锚-内卸的核心机理角度评价方案 6～10 的造穴卸压效果，其结果均为优（good），这主要是因为本组方案固定了造穴深度，而造穴长度对浅部围岩应力分布几乎无影响。

汇总图 5.7 中不同造穴长度条件下围岩支承应力卸压指标，如表 5.4 所示。

表 5.4 静压阶段不同造穴长度垂直应力卸压指标量

卸压指标	不同造穴长度方案				
	S_6	S_7	S_8	S_9	S_{10}
l/m	0.0	1.5	2.5	3.5	5.0
K	2.5	1.9	1.5	1.25	1
$w_0/w(m/m)$	2.5/3.0	3.8/4.3	4.5/5.0	5.0/6.0	5.0/7.0
$k_0/k(m/m)$	1.0/1.0	2.4/2.4	3.4/3.4	4.2/4.2	4.5/5.1
造穴卸压效果（浅部应力不变）	good	good	good	good	good

结合图 5.7 与表 5.4 数据可以看出，邢东矿 11216 运输巷实体煤帮内部造穴长度为 4 m 时，在静压阶段造穴空间不仅可以发挥良好的卸压效果，形成充足的弱结构缓冲空间保护浅部围岩锚固结构，还可最大程度降低施工量，从侧面提高矿井生产效率。

5.2.3 造穴排距对沿空掘巷围岩垂直应力的分布规律

本小节主要研究静压阶段、不同造穴排距条件下（造穴深度固定为 8 m，造穴长度固定为 3 m）深井沿空掘巷围岩支承应力分布规律，阐明造穴排距对静压阶段沿空掘巷内部造穴卸压效果的影响。图 5.8 为造穴排距为 1.6 m、2.4 m、3.2 m、4.0 m、4.8 m 时，围岩支承应力分布云图与巷帮支承应力分布曲线。第一组云图为不同造穴排距条件下水平切片云图，第二组云图为沿钻孔轴向的竖直切片云图（且切片过造穴孔中心）。此外，为更有效评估不同造穴排距条件下围岩卸压效果，提取各造穴方案卸压效果最差的造穴孔中心位置的垂直应力数据制作应力曲线，对比其卸压效果。与图 5.6、图 5.7 一致，根据造穴孔位置将巷道实体煤帮划分为 3 个区域，即浅部应力低值区（Ⅰ区）、造穴破碎区（Ⅱ区）与应力高值区（Ⅲ区），根据各造穴排距方案下围岩 3 个区域应力分布及沿造穴孔排距方向围岩应力分布规律，分析围岩支承应力随造穴排距的演化规律，并评估各造穴排距方案的卸压效果。

（1）各造穴排距方案的实体煤帮仍可划分"三区"应力场，不同造穴排距方案的Ⅰ区宽度基本一致。造穴排距为 1.6 m、2.4 m、3.2 m 时，Ⅱ区宽度也大致相同。当造穴排距增加至 4.0 m 时，Ⅱ区沿巷道轴向发生分化，分化为Ⅱ-1

区、Ⅱ-2区，前者为造穴孔间应力集中区，后者为造穴破碎区，且随着造穴排距继续增大，Ⅱ-2区宽度（沿钻孔排距方向）基本保持不变，但Ⅱ-1区宽度（沿钻孔排距方向）呈递增趋势，且应力值也增加，这主要是由于造穴排距的增加使得孔间煤体产生了应力集中。随着造穴排距的增加，Ⅲ区宽度逐渐缩小，且Ⅲ区分布逐渐靠近造穴孔，即应力集中区向造穴孔间煤体运移，逐步分离造穴孔群沿造穴孔排距方向形成的卸压连续带。由图5.8的第二组云图可以看出，当造穴孔排距较小时（排距为1.6 m、2.4 m、3.2 m），造穴孔群沿巷道轴向形成完整的卸压连续带，卸压效果良好；当造穴排距增加至4.0 m时，造穴孔间出现应力集中，造穴孔群形成的较连续的应力低值区发生分离；当造穴排距增加至4.8 m时，造穴孔处形成不连续应力低值区，造穴孔与孔间的高应力集中区沿巷道轴向呈1-0-1间隔分布态势，且高应力集中区宽度随造穴排距增加而增加。

（2）由图5.8应力曲线形态可知，当造穴排距为1.6 m、2.4 m时，实体煤帮表面至外峰值位置，应力值低于巷帮原支承应力，说明造穴密集的造穴空间形成的大范围破碎煤岩影响了浅部围岩的完整性，悖逆了造穴卸压基本原理，即浅部围岩应力不变性。该现象表明，造穴排距过小时，浅部密集普通钻孔与密集造穴钻孔均会破坏浅部围岩应力状态，影响锚固煤岩体的外锚作用；当造穴排距为3.2 m时，造穴孔基本不影响浅部围岩应力分布，保证了浅部锚固围岩的完整性；当造穴排距增加至4.0 m、4.8 m时，浅部围岩（靠近造穴孔位置）发生应力集中，巷帮应力双峰逐步合并为单峰（造穴排距为4.8 m时双峰消失），且比原支承应力值还要高，表明造穴孔间不仅无法发挥卸压作用，还会发生应力集中进而影响巷帮围岩稳定性。从造穴卸压基本原理与卸压效果来看，造穴排距为3.2 m时，符合邢东矿11216运输巷实体煤帮的卸压要求。

（3）造穴排距为1.6～4.0 m时，支承应力外峰值依次为24.40 MPa、29.77 MPa、43.52 MPa、55.74 MPa（造穴排距为4.8 m时，支承应力外峰消失），则四种造穴排距方案的外峰支承应力增长系数依次为1.02、1.24、1.81、2.32。从数据可以看出，外峰值随造穴排距增加而增加，且增加幅度不小，说明造穴排距参数对浅部围岩应力场分布影响很大，确定合理造穴排距对浅部围岩应力分布至关重要；造穴排距为1.6～4.8 m时，支承应力内峰值依次为67.61 MPa、68.23 MPa、72.38 MPa、76.17 MPa、77.70 MPa，内峰支承应力增长系数分别为2.82、2.84、3.02、3.17、3.24，各造穴排距的内峰值变化不大，呈微递减趋势，造穴排距为3.2 m时的内峰支承应力增长系数与原支承应力单峰增长系数3.02一致，说明造穴排距为3.2 m时，造穴空间实现了应力峰值区的同形态内移，其卸压效果良好。从各造穴排距方案孔间应力分布形态可以看出，造穴排距对巷道煤帮卸压效果影响很大，排距过大或过小均不利于围岩有效卸压，综合对比可以得出，静压阶段造穴排距为3.2 m时卸压效果最好。

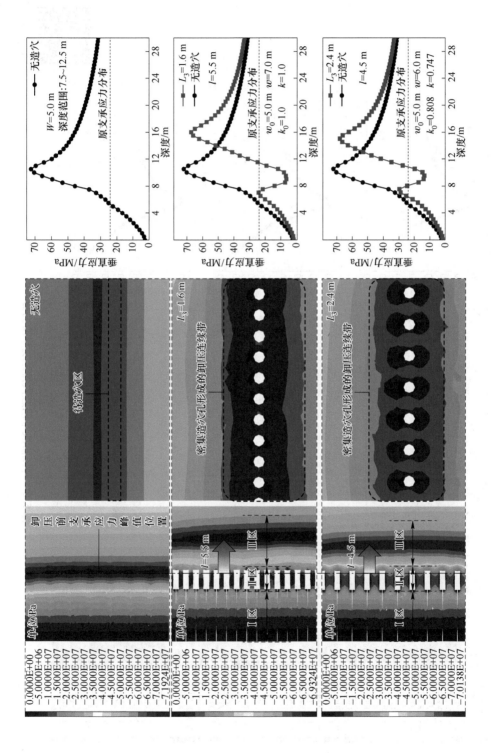

图 5.8 彩图

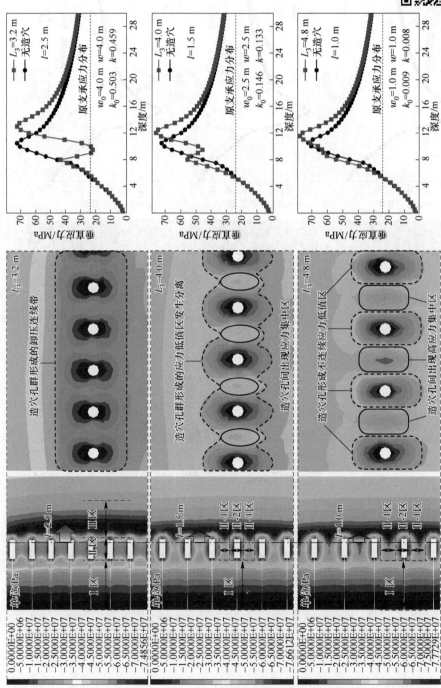

图 5.8 静压阶段不同造穴排距支承应力分布

（4）造穴排距为 1.6～4.8 m 时，造穴孔间应力峰值位置内移距离依次为 5.5 m、4.5 m、2.5 m、1.5 m、1.0 m。从数据可以看出，内移距离随造穴排距增加而递减，造穴排距在 1.6～3.2 m 范围内时，造穴孔间仍可发挥良好卸压作用；造穴排距增加至 4.0 m 后，孔间卸压幅度减小甚至局部出现增压现象，卸压效果变差；排距达 4.8 m 时，孔间煤体出现应力恢复甚至增压，无卸压效果。从应力峰值位置内移情况来看，造穴排距不能大于 3.2 m。

（5）造穴排距为 1.6～4.8 m 时，造穴孔间裂隙区形成的卸压区宽度依次为 7.0 m、6.0 m、4.0 m、2.5 m、1.0 m，有效卸压区宽度依次为 5.0 m、5.0 m、4.0 m、2.5 m、1.0 m。从数据上看，造穴孔间卸压区宽度随造穴排距增加呈递减趋势，减少幅度无剧烈波动，造穴孔间有效卸压区宽度随造穴排距增加也呈递减趋势，但当排距由 3.2 m 增加至 4.0 m 时，有效卸压区宽度减少了 1.5 m，降低幅度明显增加。说明当造穴排距大于 3.2 后，造穴孔间形成的裂隙煤体卸压效果明显下降，从造穴孔有效卸压角度来看，造穴排距不宜大于 3.2 m。造穴排距为 1.6～4.8 m 时，卸压参照系数依次为 1.0、0.747、0.459、0.133、0.008，有效卸压参照系数依次为 1.0、0.808、0.503、0.146、0.009。从数据可以看出，卸压参照系数与有效卸压参照系数均随造穴排距增加而减小，前者减小幅度稳定，后者在造穴排距由 3.2 m 至 4.0 m 时出现了骤降现象，再一次证明了造穴排距大于 3.2 m 后，造穴孔间裂隙煤体卸压效果变差，佐证了造穴排距不宜大于 3.2 m。从不同造穴排距方案的造穴孔间有效卸压区宽度数据及有效卸压参照系数数据可以看出，造穴排距因素对造穴卸压效果影响很大，造穴排距太小，会打破浅部围岩应力不变性的造穴卸压基本原理，不利于浅部围岩支护；造穴排距太大，又会使得造穴孔间煤体出现应力集中而降低卸压效果。综合对比卸压效果，邢东矿 11216 运输巷实体煤帮造穴排距为 3.2 m 为最优方案。

（6）从巷道围岩外锚-内卸的核心机理角度评价方案 11～15 的卸压效果。当造穴排距为 1.6～2.4 m 时，其卸压效果均评价为差（bad），主要是密集造穴孔破坏了浅部围岩结构，虽然降低了该区域的应力值，但破碎的煤岩结构无法给外锚支护提供稳定的锚固基点。当造穴排距为 3.2 m 时，卸压效果评价为优（good），此时浅部围岩既满足应力不变准则，造穴孔间裂隙煤体卸压效果也很好。当造穴排距为 4.0 m 时，卸压效果评价为差（bad），此时浅部围岩（靠近造穴孔处）煤体出现了应力集中，改变浅部围岩应力场分布。造穴排距为 4.8 m 时，卸压效果评价为差（bad），此时，不仅浅部围岩（靠近造穴孔处）出现了应力集中，造穴孔间煤体也没有了降压效果，甚至出现了局部增加现象，卸压效果很差。

汇总图 5.8 中不同造穴排距条件下围岩支承应力卸压指标，如表 5.5 所示。

表 5.5　静压阶段不同造穴排距垂直应力卸压指标量

卸压指标	不同造穴排距方案				
	S_{11}	S_{12}	S_{13}	S_{14}	S_{15}
l/m	5.5	4.5	2.5	1.5	1.0
$w_0/w(\mathrm{m/m})$	5.0/7.0	5.0/6.0	4.0/4.0	2.5/2.5	1.0/1.0
$k_0/k(\mathrm{m/m})$	1.0/1.0	0.808/0.747	0.503/0.459	0.146/0.133	0.009/0.008
造穴卸压效果（浅部应力不变）	bad	bad	good	bad	bad

从表 5.3~表 5.5 中提取关键的卸压评价指标数据，绘制不同造穴方案下各指标的分布趋势图，如图 5.8 所示，由各造穴深度方案的有效卸压区宽度数据与有效卸压参照系数数据可知，造穴深度为 8 m（方案 3）时卸压效果最佳；结合本节分析与图 5.9 可知，综合考虑卸压评价指标数和卸压服务周期（和施工量），造穴长度应选择 4 m（方案 9）；基于本节分析，结合各卸压评价指标、施工量和对浅部围岩的破坏程度，造穴排距应选择 3.2 m（方案 13）。

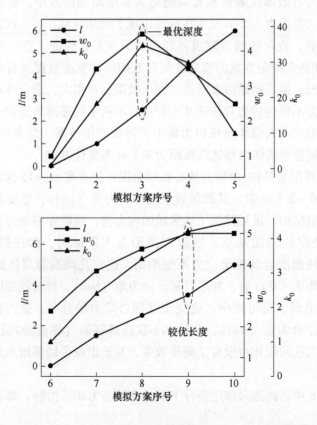

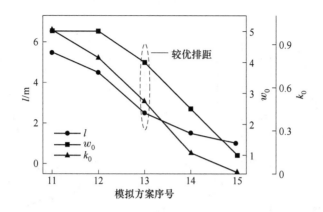

图 5.9 静压阶段各造穴方案垂直应力核心评价指标分布趋势

5.3 静压阶段沿空掘巷围岩偏应力的分布规律

5.3.1 造穴深度对沿空掘巷围岩偏应力的分布规律

本小节主要研究静压阶段、不同造穴深度条件下深井沿空掘巷围岩偏应力分布规律，阐明造穴深度对静压阶段沿空掘巷偏应力卸压效果的影响。图 5.10 为深井沿空掘巷围岩大结构偏应力分布云图，图 5.11 为不同造穴深度方案下围岩偏应力分布云图与巷帮偏应力分布曲线，图 5.11 中云图与图 5.10 方框区域相对应。结合偏应力分布云图、偏应力曲线数据及巷道内部造穴卸压偏应力评价指标体系，评估各造穴深度方案的卸压效果。

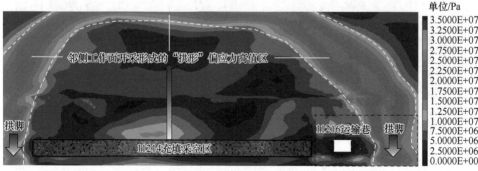

图 5.10 深井沿空掘巷围岩大结构偏应力分布云图

（1）11216 运输巷（沿空掘巷）掘进完成后，在 11214 采空区与 11216 运输巷上方形成"拱形"的偏应力高值区，右侧的"拱

图 5.10 彩图

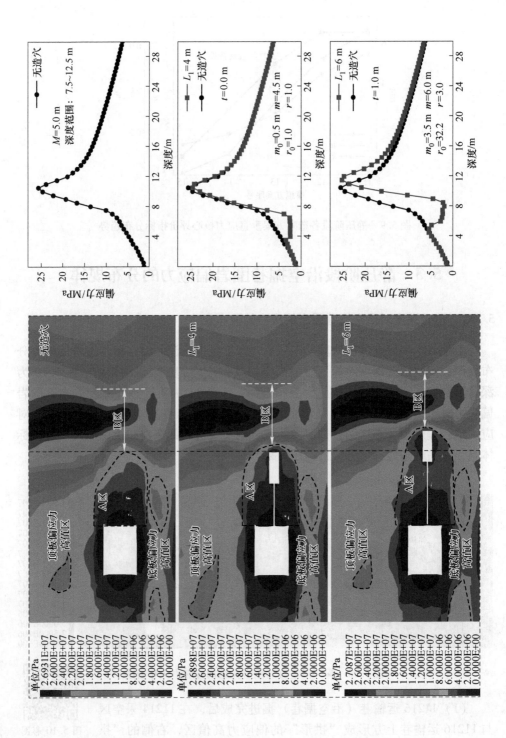

图 5.11 彩图

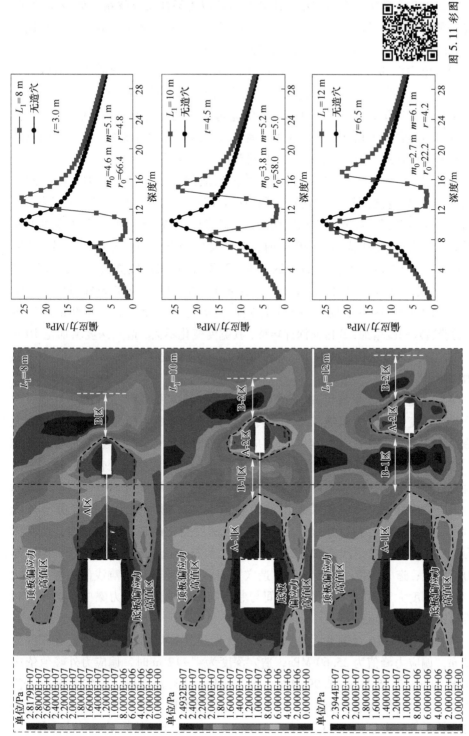

图 5.11　静压阶段不同造穴深度偏应力分布

脚"位于11216运输巷实体煤帮，该处的高偏应力易使实体煤帮煤体发生破坏、失稳，影响巷道围岩稳定性，因此，围岩内部造穴卸压技术的有效应用（高偏应力区的内移）对深井沿空掘巷的围岩控制至关重要。

（2）沿空掘巷形成后，巷道顶板偏向采空区侧形成一个偏应力高值区，巷道底板两尖角位置各形成一个偏应力高值区，两高值区呈对称分布，对称轴靠近巷道左帮，造穴孔深度的变化基本不影响巷道顶、底板高偏应力区的形态演化，分析可知巷道底板尖角处的高偏应力是巷道底鼓的主要动力来源，此外，应重点关注巷道顶板处的高偏应力区，在支护设计时开展针对性控制。

（3）11214采空区与11216运输巷上方形成的"拱形"偏应力高值区的右"拱脚"与运输巷之间存在一个应力低值区（A区），巷道实体煤帮的右"拱脚"高偏应力区为B区。随着造穴深度增加，A区宽度逐渐增加，形成更大范围的应力低值区。当造穴深度增加至10 m时，A区发生分离，分化为巷帮浅部的偏应力低值区（A-1区）与造穴破碎区（A-2区），其间形成高偏应力区（B-1区）。随着造穴深度继续加大，B-1区宽度增加的同时，偏应力峰值也发生激增，此时的A-1区宽度甚至小于无造穴情况下的A区宽度，加剧浅部围岩破坏。随着造穴深度增加，B区向深部转移，其宽度变化不大，造穴深度增加至10 m后，B区分化为造穴孔两侧的B-1区与B-2区，随造穴深度增加，B-2区偏应力值降低。

（4）由应力曲线形态可知，造穴孔形成后，造穴孔的存在会将巷帮偏应力单峰状态转变为偏应力双峰状态，即转变为偏应力外峰（靠近巷道）与偏应力内峰（造穴孔更深处），这一点与垂直应力分布形态类似。随着造穴深度逐渐增大，偏应力外峰与内峰逐渐向深部转移，外峰值呈递增趋势，变化趋势较大，内峰值先增加后降低，偏应力峰值变化趋势很小。造穴深度由10 m增加至12 m时，偏应力内峰值、外峰值关系由"内峰值 > 外峰值"变为"内峰值 < 外峰值"。从造穴后偏应力双峰形态、大小随造穴深度变化的过程可以看出，造穴深度为8~10 m时，巷道浅部围岩偏应力分布态势符合造穴卸压基本原理，即浅部应力不变性；造穴深度小于8 m时，造穴空间形成的破碎区影响浅部围岩应力状态；造穴深度大于10 m时，造穴空间与巷道间煤体会形成应力集中，同样不利于浅部锚固围岩稳定性。

（5）已知11216运输巷无造穴情况下，巷道实体煤帮偏应力峰值点深度为10.5 m，偏应力峰值为25.60 MPa，造穴深度为4~12 m时，偏应力外峰值依次为3.45 MPa、5.45 MPa、8.99 MPa、18.73 MPa、23.71 MPa，自定义偏应力值为8 MPa（即巷帮偏应力常量），则外峰值与巷帮偏应力常量的比值（即外峰偏应力增长系数）分别为0.43、0.68、1.12、2.34、2.96。从数据中可以看出，当造穴深度由 8 m 增加至 10 m 时，偏应力外峰值激增，增幅达 9.74 MPa，偏应力增长系数由 1.12 骤增至 2.34，高偏应力不利于围岩稳定。造穴深度为 4 ~ 12 m 时，偏应力内峰值依次为 24.62 MPa、25.30 MPa、25.62 MPa、24.09 MPa、21.18 MPa，则偏应力外峰值与巷帮偏应力常量的比值（即内峰偏应力增长系数）分别为 3.08、3.16、3.20、3.01、2.65，从数据变化量可以看出，造穴深度对偏应力外峰值影响不大。

（6）造穴深度为 4 ~ 12 m 时，偏应力峰值位置内移距离依次为 0.0 m、1.0 m、3.0 m、4.5 m、6.5 m。从应力峰值转移程度来看，造穴深度引起的峰值点内移不小于 3 m，才能起到较好的围岩卸压效果，当然这一数据越大越好，但当内移距离增大的同时，偏应力外峰值增加甚至接近原偏应力峰值，这种结果不仅会降低卸压效果，甚至会起到反作用，恶化浅部围岩应力环境而加剧围岩控制难度。因此，单纯从偏应力峰值点内移距离角度分析，静压阶段造穴深度为 8 m 时，围岩卸压效果最好。

（7）从图 5.11 曲线数据可知，造穴深度为 4 ~ 12 m 时，造穴空间形成的偏应力卸压区宽度依次为 4.5 m、6.0 m、5.1 m、5.2 m、6.1 m，偏应力有效卸压区宽度依次为 0.5 m、3.5 m、4.6 m、3.8 m、2.7 m。从数据来看，造穴深度对偏应力卸压区宽度影响不大，但随着造穴深度增加，偏应力有效卸压区宽度呈先增加后减小的运移趋势，且造穴深度为 8 m 时，偏应力有效卸压区宽度最大。卸压效果最优。造穴深度为 4 ~ 12 m 时，偏应力卸压参照系数依次为 1.0、3.0、4.8、5.0、4.2，偏应力有效卸压参照系数依次为 1.0、32.2、66.4、58.0、22.2，后者的造穴深度影响程度远大于前者。如定义所述，偏应力有效卸压参照系数越大，围岩卸压效果越好。单纯从偏应力有效卸压参照系数评估围岩偏应力卸压效果可知，造穴深度为 8 m 时围岩卸压效果最好。

（8）从巷道围岩外锚-内卸的核心机理角度评价造穴后偏应力的卸压效果，即造穴卸压不影响浅部围岩偏应力分布。造穴深度为 4 m、6 m 时，偏应力卸压效果评价为差（bad）。造穴深度为 8 m 时，偏应力卸压效果评价为优（good），此时浅部围岩既满足应力不变准则，围岩卸压效果良好（原偏应力峰值应力被有效"卸掉"）。造穴深度为 10 m 时，偏应力卸压效果评价为优（good）。造穴深度 12 m 时，偏应力卸压效果评价为差（bad），此时浅部围岩偏应力值（靠近造穴孔区域）发生轻微增长，且偏应力有效卸压区宽度与偏应力有效卸压参照系数相对造穴深度为 8 m 时，呈明显下降趋势，围岩卸压效果大大降低，此外巷道与造穴孔间积聚的高偏应力不利于围岩稳定。

汇总图 5.11 中静压阶段不同造穴深度条件下围岩偏应力卸压指标，如表 5.6 所示。

表 5.6　静压阶段不同造穴深度偏应力卸压指标量

卸压指标	不同造穴深度方案				
	S_1	S_2	S_3	S_4	S_5
t/m	0.0	1.0	3.0	4.5	6.5
$m_0/m(m/m)$	0.5/4.5	3.5/6.0	4.6/5.1	3.8/5.2	2.7/6.1
$r_0/r(m/m)$	1.0/1.0	32.2/3.0	66.4/4.8	58.0/5.0	22.2/4.2
造穴卸压效果（浅部偏应力不变）	bad	bad	good	good	bad

结合图 5.11 与表 5.6 数据，可以看出，静压阶段造穴深度为 8～10 m 时，11216 运输巷实体煤帮偏应力卸压效果为最优。当然，这是基于邢东矿 11216 工作面特定地质生产条件而分析出的结果，随着巷道条件的改变，围岩偏应力随造穴深度运移态势也会发生变化，寻求对应工况巷道合理造穴深度对回采巷道围岩的有效卸压至关重要。

5.3.2　造穴长度对沿空掘巷围岩偏应力的分布规律

本小节主要研究静压阶段、不同造穴长度条件下深井沿空掘巷围岩偏应力分布规律，阐明造穴长度对静压阶段沿空掘巷偏应力卸压效果的影响。图 5.12 为不同造穴长度方案下围岩偏应力分布云图与巷帮偏应力分布曲线。结合偏应力分布云图、偏应力曲线数据及巷道内部造穴卸压偏应力评价指标体系，评估各造穴长度方案的卸压效果。

（1）与图 5.11 所示一致，运输巷顶、底相同位置均形成类似形态的偏应力高值区，且偏应力高值区形态与位置与造穴长度关系不大。11216 运输巷实体煤帮形成双区，即浅部围岩与造穴空间联合形成的偏应力低值区 A 区与"拱脚"高偏应力区 B 区。随着造穴长度增加，A 区宽度持续增加，形成沿钻孔轴向更大范围的应力低值区，B 区随造穴长度增加逐渐向巷道深部转移，其宽度与形态变化不大。

（2）由偏应力曲线分布形态可知，当造穴深度固定为 8 m 时，随着造穴长度的增大，偏应力外峰值及其位置基本不发生变化，偏应力内峰逐渐向深部转移，其内峰值呈微递减趋势。此外，当造穴深度合理（本工况条件下，较合理的的造穴深度为 8 m）时，造穴长度的变化不会影响浅部围岩偏应力分布，符合造穴卸压基本原理。

（3）造穴长度为 1～5 m 时，偏应力外峰值依次为 9.03 MPa、8.56 MPa、8.99 MPa、8.30 MPa、8.90 MPa，结合巷帮偏应力常量（自定义为 8 MPa），则外峰偏应力增长系数依次为 1.13、1.07、1.12、1.04、1.11。从数据中可以看

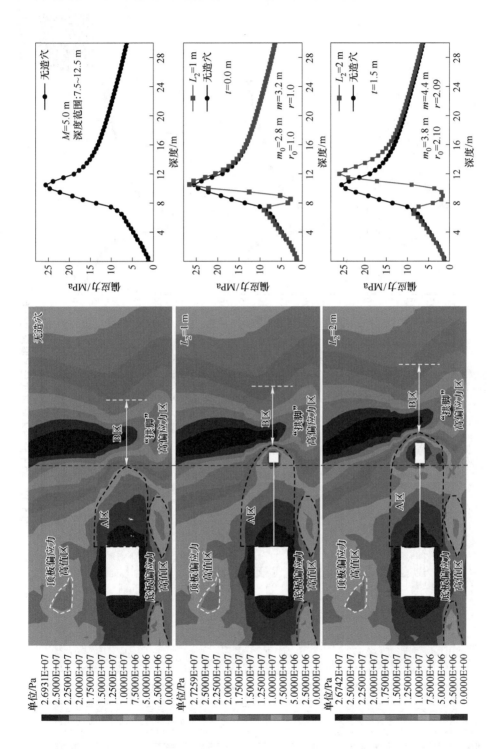

图5.12彩图

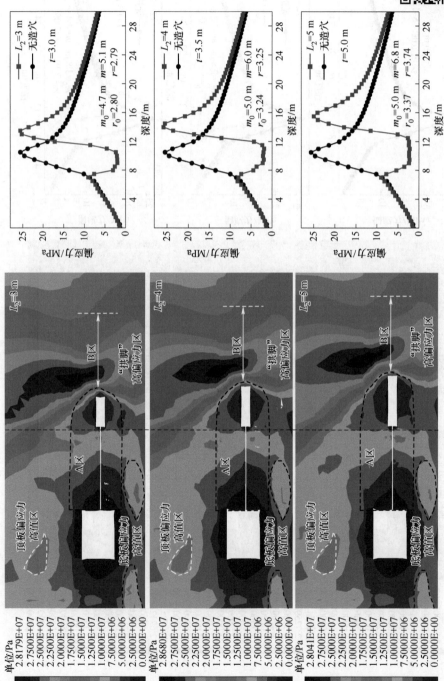

图 5.12　静压阶段不同造穴长度偏应力分布

出，造穴后偏应力外峰值虽有略微增加，但增加值很低，且造穴长度对偏应力外峰值无影响；造穴长度为 1~5 m 时，偏应力内峰值分别为 26.73 MPa、26.15 MPa、25.62 MPa、25.95 MPa、24.97 MPa，而内峰偏应力增长系数依次为 3.34、3.27、3.20、3.24、3.12，不同造穴长度方案下偏应力内峰值变化不大，但呈微递减趋势。从各造穴长度方案偏应力峰值大小与分布情况来看，造穴长度对巷帮偏应力值影响较小，主要影响巷道围岩偏应力内峰位置。

（4）造穴长度为 1~5 m 时，偏应力峰值位置内移距离依次为 0.0 m、1.5 m、3.0 m、3.5 m、5.0 m，当造穴深度为 8 m 时，造穴长度即使为 1 m，仍可将围岩高偏应力区的高偏应力卸掉，但卸压效果有限。当造穴长度超过 2 m 时，偏应力峰值位置内移距离逐渐增大，且增加幅度与造穴长度增加幅度相当。从偏应力峰值点转移程度分析可知，造穴长度越大越好，但无限增加造穴长度只会徒增造穴施工量，不利于矿井高效生产。因此，合理的造穴长度不仅与围岩卸压效果与程度相关，还与施工效率、造穴空间需求有关。

（5）造穴长度为 1~5 m 时，造穴孔形成的偏应力卸压区宽度依次为 3.2 m、4.4 m、5.1 m、6.0 m、6.8 m，偏应力有效卸压区宽度依次为 2.8 m、3.8 m、4.7 m、5.0 m、5.0 m。从数据结果看，围岩偏应力卸压区宽度随造穴长度增加呈递增趋势，围岩偏应力有效卸压区宽度与造穴长度也呈正相关关系，但当造穴长度增加至 4 m 后，偏应力有效卸压区宽度保持不变。此外，造穴长度为 1~5 m 时，造穴长度卸压性价比分别为 2.8、1.9、1.57、1.25、1。从数据中可以看出，性价比与造穴长度呈负相关发展趋势，当造穴长度为 2~5 m 时，其性价比增长趋势变化不大。

（6）造穴长度为 1~5 m 时，偏应力卸压参照系数依次为 1.0、2.09、2.79、3.25、3.74，偏应力有效卸压参照系数依次为 1.0、2.10、2.80、3.24、3.37。从数据可以看出，随着造穴长度增加，偏应力卸压参照系数与偏应力有效卸压参照系数均呈递增趋势，随造穴长度增加，前者的增幅表现稳定，当造穴长度由 4 m 增加至 5 m 时，后者的增幅很小，综合考虑卸压效果与施工成本，造穴长度为 4 m 的方案更为合理。

（7）从巷道围岩外锚-内卸的核心机理角度评价方案 6~10 的偏应力卸压效果，其结果均为优（good），这主要是因为当固定造穴深度（且造穴深度为合理造穴深度）时，造穴长度的变化对沿空掘巷实体煤帮浅部围岩偏应力分布无影响。基于此，各造穴长度方案下偏应力卸压效果均为优，造穴长度只影响造穴空间的卸压范围与造穴工程量。

汇总图 5.12 中静压阶段不同造穴长度条件下围岩偏应力卸压指标，如表 5.7 所示。

结合图 5.12 与表 5.7 数据可以看出，邢东矿 11216 运输巷实体煤帮内部造穴长度为 4 m 时，可对实体煤帮高偏应力区形成良好的卸压作用，同时 4 m 的造穴长度可形成相当充分的卸压空间以满足卸压要求。此外，当造穴长度大于 4 m 后，造穴施工量的增加将会影响工程进度、增加施工成本。

表 5.7　静压阶段不同造穴长度偏应力卸压指标量

卸压指标	不同造穴长度方案				
	S_6	S_7	S_8	S_9	S_{10}
t/m	0.0	1.5	3.0	3.5	5.0
R	2.8	1.9	1.57	1.25	1
$m_0/m(m/m)$	2.8/3.2	3.8/4.4	4.7/5.1	5.0/6.0	5.0/6.8
$r_0/r(m/m)$	1.0/1.0	2.10/2.09	2.80/2.79	3.24/3.25	3.37/3.74
造穴卸压效果（浅部偏应力不变）	good	good	good	good	good

5.3.3　造穴排距对沿空掘巷围岩偏应力的分布规律

本小节主要研究静压阶段、不同造穴排距条件下（造穴深度固定为 8 m，造穴长度固定为 3 m）深井沿空掘巷围岩偏应力分布规律，阐明造穴排距对静压阶段沿空掘巷内部造穴偏应力卸压效果的影响。图 5.13 为不同造穴排距围岩偏应力分布云图与巷帮偏应力分布曲线，其中第一组云图为不同造穴排距水平切片偏应力云图，第二组云图为沿钻孔轴向的竖直切片偏应力云图（且切片过造穴孔中心），为评估不同造穴排距条件下围岩偏应力卸压效果，提取造穴卸压效果最差的造穴孔中心位置的偏应力数据制作应力曲线，对比各造穴排距方案卸压效果。

（1）如图 5.13 第一组偏应力云图所示，与其他造穴因素条件下巷道实体煤帮偏应力分布形态类似，造穴前后，均在实体煤帮形成偏应力低值区 A 区与偏应力高值区 B 区。当造穴排距为 1.6 m 时，偏应力低值区宽度最大，峰值偏应力区内移程度最高。随着造穴排距增加，偏应力低值区宽度减小，偏应力高值区外移的同时其峰值范围呈减小趋势。从偏应力分布态势来看，造穴排距为 1.6 m、2.4 m 时，浅部围岩偏应力值明显小于原偏应力值（无造穴状态），这说明造穴排距过小，尽管造穴深度不变，但密集的造穴空间仍影响了浅部围岩偏应力分布，恶化了浅部围岩结构。当造穴排距增加至 3.2 m 时，浅部围岩偏应力分布恢复至原始偏应力状态。随着造穴排距继续增加，巷道浅部围岩与造穴孔之间形成沿巷道轴向的连续偏应力高值区（B-1 区），而深部偏应力峰值区持续外移，造穴孔之间开始形成不连续卸压区。当造穴排距增加至 4.8 m 时，内、外偏应力峰值区在造穴孔之间贯通，各造穴孔只能成为独立的卸压区，无法对浅部围岩形成良好的卸压效果。

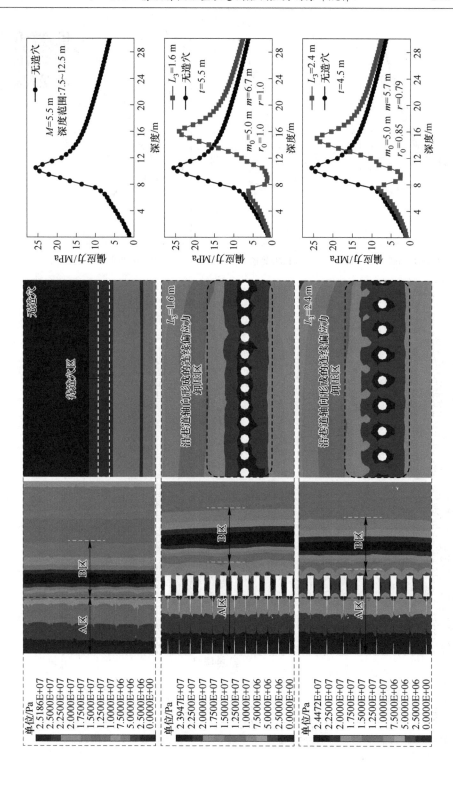

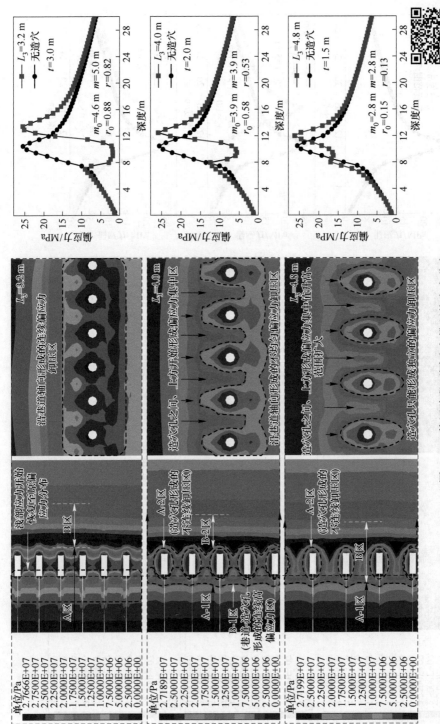

图 5.13　静压阶段不同造穴排距偏应力分布

图 5.13　彩图

（2）如图5.13第二组偏应力云图所示，当造穴排距为1.6～3.2 m时，沿巷道轴向形成较大范围的连续偏应力卸压区，但随着造穴排距增加，造穴孔上方围岩偏应力低值区范围逐渐缩小。当造穴排距增加至4.0 m时，造穴孔之间及其上方出现偏应力集中区，造穴孔底板仍形成连续的卸压区（沿巷道轴向）。当造穴排距增加至4.8 m时，造穴孔之间及其上方形成更大范围的偏应力集中区，造穴孔只能形成独立的偏应力卸压区。

（3）由偏应力曲线分布形态可知，造穴排距为1.6～2.4 m时，偏应力外峰值低于该位置原偏应力值。当造穴排距为3.2 m时，偏应力外峰值恢复至原偏应力值大小，且此时浅部围岩偏应力分布与原偏应力分布基本吻合，这说明造穴排距为3.2 m时造穴空间不影响浅部围岩偏应力分布，符合造穴卸压基本原理。当造穴排距继续增加，浅部围岩偏应力外峰值持续加大，连带浅部围岩（靠近造穴孔位置）偏应力值也大于原偏应力值。总体而言，造穴孔中心位置偏应力外峰值随造穴排距增加而增加，应力内峰值随造穴排距增加呈微递增趋势，增加幅度很小。

（4）当造穴排距为1.6～4.8 m时，偏应力外峰值依次为6.23 MPa、8.24 MPa、9.15 MPa、12.43 MPa、16.96 MPa，外峰偏应力增长系数依次为0.78、1.03、1.14、1.55、2.12。从数据中可以看出，当造穴排距大于3.2 m后，外峰偏应力值急剧增加，不利于浅部围岩的卸压控制。当造穴排距为1.6～4.8 m时，偏应力内峰值分别为24.20 MPa、24.23 MPa、25.62 MPa、25.89 MPa、26.27 MPa，而内峰偏应力增长系数依次为3.03、3.03、3.20、3.24、3.28。从数据可以看出，造穴排距对于偏应力内峰值影响很小。综合对比，在控制造穴深度与长度的条件下，造穴排距主要对偏应力曲线双峰的影响主要表现在改变外峰值的大小。

（5）造穴排距为1.6～4.8 m时，偏应力峰值位置内移距离依次为5.5 m、4.5 m、3.0 m、2.0 m、1.5 m。从数据可以看出，偏应力峰值位置内移距离随造穴排距增加而减小。单从偏应力峰值点转移程度分析可知，造穴排距越小越好，但除了影响卸压效果，造穴排距与长度类似，也会影响施工量。因此，合理的造穴排距应该是综合卸压效果与施工量等因素后的并集，从11216运输巷实体煤帮不同造穴排距条件下偏应力分布规律分析可知，造穴排距为3.2 m较为合适，此时相邻造穴孔之间的煤体高偏应力得到较大程度释放，且可确保浅部围岩偏应力分布不被影响。

（6）当造穴排距为1.6～4.8 m时，偏应力卸压区宽度依次为6.7 m、5.7 m、5.0 m、3.9 m、2.8 m，偏应力有效卸压区宽度依次为5.0 m、5.0 m、4.6 m、3.9 m、2.8 m。从数据结果看，围岩偏应力卸压区宽度与偏应力有效卸压区宽度均随造穴排距增加呈递减趋势。造穴排距为1.6～4.8 m时，偏应力卸压参照系数依次为1.0、0.79、0.82、0.53、0.13，偏应力有效卸压参照系数依次为1.0、

0.85、0.88、0.58、0.15。对比数据可知，造穴排距为 3.2 m 时的偏应力卸压参照系数与偏应力有效卸压参照系数均较高，其后随造穴排距增加，偏应力卸压参照系数与偏应力有效卸压参照系数降低幅度明显，综合偏应力卸压效果，造穴排距为 3.2 m 时更合适。

（7）从巷道围岩外锚-内卸的核心机理角度评价方案 11 ~ 15 的偏应力卸压效果，当造穴排距为 3.2 m 时，评价结果均为优（good），其余皆为差（bad），前两种方案主要是降低了浅部围岩的偏应力值，后两种方案主要是增加了浅部围岩的偏应力值。

汇总图 5.13 中静压阶段不同造穴排距条件下围岩偏应力卸压指标，如表 5.8 所示。

表 5.8　静压阶段不同造穴排距偏应力卸压指标量

卸压指标	不同造穴排距方案				
	S_{11}	S_{12}	S_{13}	S_{14}	S_{15}
t/m	5.5	4.5	3.0	2.0	1.5
$m_0/m(m/m)$	5.0/6.7	5.0/5.7	4.6/5.0	3.9/3.9	2.8/2.8
$r_0/r(m/m)$	1.0/1.0	0.85/0.79	0.88/0.82	0.58/0.53	0.15/0.13
造穴卸压效果（浅部偏应力不变）	bad	bad	good	bad	bad

综合图 5.13 与表 5.8 数据，可以看出，邢东矿 11216 运输巷实体煤帮内部造穴排距为 3.2 m 时，可对实体煤帮高偏应力区形成良好的卸压作用，造穴排距过小时，影响浅部围岩偏应力分布且增加施工量，影响经济效益，造穴排距过大时围岩卸压效果降低且会增加浅部围岩偏应力值，不利于锚固围岩稳定性。

从表 5.6 ~ 表 5.8 中提取关键的偏应力卸压评价指标数据，绘制如图 5.14 所

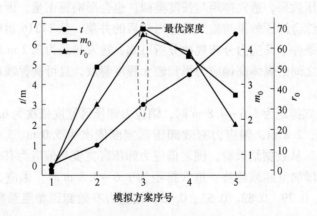

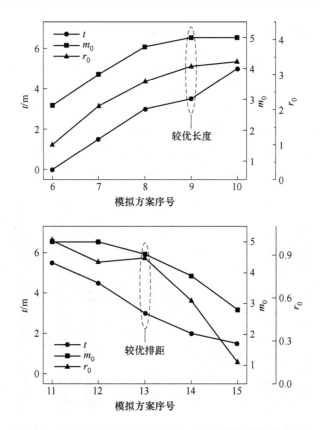

图 5.14 静压阶段各造穴方案偏应力核心评价指标分布趋势

示的不同造穴方案下各指标的分布趋势图，从偏应力指标分析角度中进一步佐证静压阶段合理的造穴参量。

5.4 动压影响下深井沿空掘巷围岩应力场演化规律

千米深井沿空掘巷掘进完成后服务于本工作面，但随时间推移，工作面逐步向前推进，工作面开采引起的超前采动应力对沿空掘巷围岩应力场产生较大影响，超前扰动还会影响工作面前方沿空掘巷围岩大结构的稳定性，大结构的运移势必会对其下小结构稳定性造成影响。因此，探究超前采动应力场条件下千米深井沿空掘巷围岩应力场的演化规律，对于评估不同造穴参量在采动应力条件下的卸压效果至关重要。本小节主要阐明了邢东矿 11216 运输巷在本工作面推进过程中超前段沿空掘巷围岩垂直应力与偏应力的演化规律，同时为了了解邻侧采空区对沿空掘巷应力场的增压作用，模拟研究有、无邻侧工作面开采时 11216 运输巷围岩垂直应力与偏应力的分布规律。

5.4.1　沿空掘巷围岩垂直应力场演化规律

图 5.15 为邢东矿 11216 运输巷在邻侧工作面采空、本工作面开采两种情况下的围岩垂直应力分布。如图 5.15(a)、(b) 所示，当 11216 运输巷为实体煤巷道（假设 11214 工作面未开采）时，巷帮垂直应力峰值线深度为 7.8 m，而沿空掘巷条件下的 11216 运输巷帮垂直应力峰值线深度为 10.1 m，其峰值位置内移距离为 2.3 m，前者峰值约为 38.26 MPa，后者峰值约为 66.01 MPa，垂直应力峰值增加系数为 1.73。随着 11216 工作面向前推进，工作面前方形成不规则高支承应

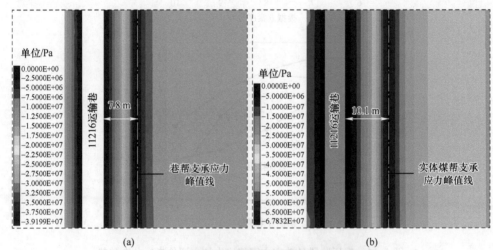

(a)　　　　　　　　　　　　　　　　(b)

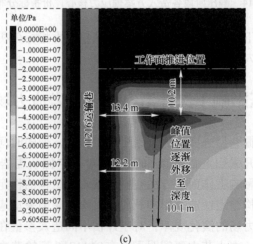

(c)

图 5.15 彩图

图 5.15　运输巷静、动压阶段围岩垂直应力分布云图
(a) 实体煤巷巷帮垂直应力分布云图；(b) 沿空掘巷实体煤帮垂直应力分布云图；
(c) 采动沿空掘巷实体煤帮垂直应力分布云图

力区，如图 5.15(c) 所示，工作面前方支承应力峰值深度约为 10.2 m，该位置峰值点与运输巷实体煤帮边界距离为 13.4 m，运输巷实体煤帮垂直应力峰值点随着远离工作面，其深度逐渐减小至 10.1 m（无采动影响区）。结合图 5.16、图 5.17，邻侧工作面开采形成的静压高应力场使得运输巷围岩应力峰值发生了内

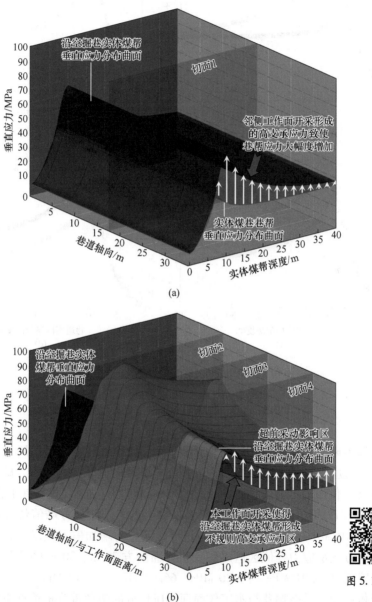

(a)

图 5.16 彩图

(b)

图 5.16 运输巷静、动压阶段围岩垂直应力三维分布图

(a) 一次增压后；(b) 二次增压后

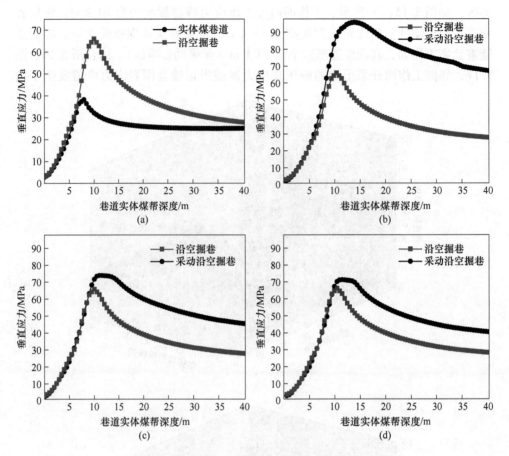

图 5.17 运输巷静、动压阶段围岩切面垂直应力曲线

(a) 切面 1；(b) 切面 2：超前工作面 10.2 m；

(c) 切面 3：超前工作面 20 m；(d) 切面 4：超前工作面 30 m

移，内移距离为 2.3 m，而本工作面开采形成的动压高应力场作用于前方的沿空掘巷时，其应力场不规则分布的，分别沿巷道径向截取 3 个剖面 [即工作面前方 10.2 m（工作面前方峰值位置）、前方 20 m、前方 30 m]，提取其垂直应力数据，作图如图 5.17 所示，从曲线数据中可以看出，工作面前方峰值位置的增压程度很高（66.01 MPa→96.03 MPa），巷道更深部应力增加值不减反增，这主要是由工作面前方支承应力峰值区造成的，工作面前方 20 m、30 m 的峰值增加程度开始明显降低（66.01 MPa→74.20 MPa、66.01 MPa→71.12 MPa）。

分析可知，沿空掘巷与本工作面回采所形成的两种重分布垂直应力场（前者为静态、后者为动态）对深井回采巷道围岩应力分布影响巨大，后者相较于前者影响程度与范围都更大，但这只限于本工作面超前采动影响区巷道。两种重分布高应力场作用于深井回采巷道，致使其产生围岩体破碎、煤体持续运移等矿压现象，因此，有效的围岩控制（围岩强度强化、高应力有效转移等措施）是深井沿空掘巷满足其服务期工作需求的重中之重。基于以垂直应力为指标的深井沿空掘巷两次增压特征的了解，更好地分析内部造穴对两阶段围岩的卸压效果与卸压演化规律。

5.4.2 沿空掘巷围岩偏应力场演化规律

图 5.18 ~ 图 5.20 为邢东矿 11216 运输巷在邻侧工作面采空、本工作面开采两种情况下的围岩偏应力分布。

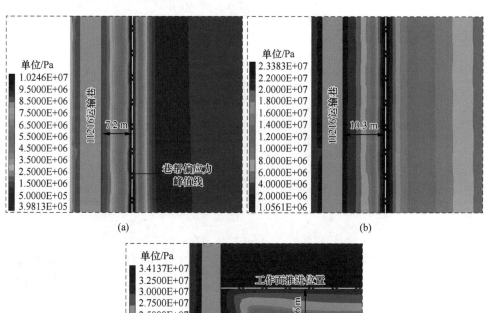

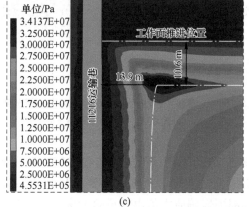

图 5.18 彩图

图 5.18　运输巷静、动压阶段围岩偏应力分布云图
（a）实体煤巷巷帮偏应力分布云图；（b）沿空掘巷实体煤帮偏应力分布云图；
（c）采动沿空掘巷实体煤帮偏应力分布云图

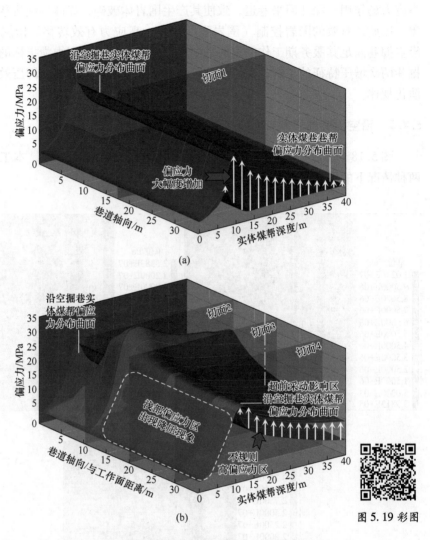

图 5.19   运输巷静、动压阶段围岩偏应力三维分布图
(a) 一次增压后；(b) 二次增压后

对比图 5.15 ~ 图 5.20 可看出，沿空掘巷在静压、动压条件影响下围岩的偏应力分布形态与垂直应力分布形态类似，主要差异为：(1) 一次增压时，邻侧静压偏应力场使得浅部围岩偏应力值出现小幅度增加，同时极大增加了深部（尤其是峰值区）围岩偏应力值，峰值力由 9.49 MPa 增加至 22.70 MPa，偏应力峰值增加系数达 2.39，远高于垂直应力指标的 1.73，此外，偏应力峰值区内移距离为 3.1 m。(2) 两次应力重分布条件下偏应力场均呈现全域增压现象，但如图 5.19(b) 所示，工作面前方远离偏应力峰值区位置出现小程度偏应力降低现象。

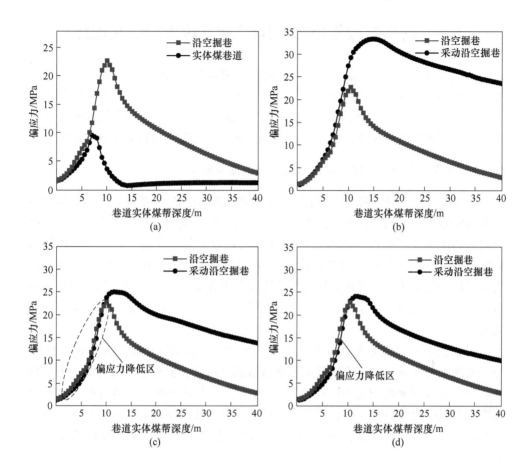

图 5.20 运输巷静、动压阶段围岩切面偏应力曲线
(a) 切面 1;(b) 切面 2:超前工作面 10.6 m;
(c) 切面 3:超前工作面 20 m;(d) 切面 4:超前工作面 30 m

分析可知,出现以上两种情况,主要是因为偏应力考虑了其他两种主应力对巷道围岩应力场的影响。

结合上述分析可知,静态应力场与动态应力场均使得深井回采巷道实体煤帮围岩呈现高应力状态,基于对静态应力场条件下不同造穴参量围岩应力分布规律,确定了千米深井沿空掘巷实体煤帮内部造穴参量。因为沿空掘巷的静压、动压应力环境是其服务周期的不同阶段,因此在确定了静压阶段的合理造穴参量后,需要考虑其在动压阶段的卸压有效性。故基于第 3 章中静、动压阶段深井沿空掘巷围岩内部造穴卸压原理,5.5 节、5.6 节阐明不同造穴参量在动压阶段的卸压有效性与围岩应力(垂直应力、偏应力)演化规律。

5.5　动压阶段沿空掘巷围岩垂直应力的演化规律

由 5.4 节分析可知，工作面前方超前采动应力影响区的应力分布是不规则分布的，对巷道影响较大的高应力区主要集中于工作面前方 10 m 左右（工作面前方峰值应力区）至更远处，因此，5.5～5.7 节主要对采动应力峰值范围内（包含工作面更远处部分区域）的沿空掘巷实体煤帮内部造穴卸压规律开展研究。

5.5.1　造穴深度对沿空掘巷围岩垂直应力的演化规律

结合 5.4.1 节研究可知，随着 11216 工作面向前推进，超前采动影响区的沿空掘巷实体煤帮不同造穴参量的垂直应力场不断发生变化，本小节主要在此基础上阐明动压阶段不同造穴深度条件下（造穴长度固定为 3 m，造穴排距固定为 3.2 m）沿空掘巷-造穴空间围岩垂直应力场的运移演化规律，图 5.21、图 5.22 为不同造穴深度条件下工作面超前采动影响区垂直应力分布云图与三维应力分布图，后者更直观地表现了不同造穴参量对超前采动不规则高支承应力区的卸压效果。

（1）当造穴深度为 4～6 m 时，造穴引起的应力高值区边界线内移幅度不大。当造穴深度为 8 m 时，造穴空间可形成有效的卸压区，使得应力高值区边界线内移。随着造穴深度增加至 10 m，工作面前方原应力峰值区在巷道与造穴空间之间重新形成应力峰值区。随着造穴深度增加，造穴孔卸压效果明显被弱化，各造穴孔仅在巷帮应力峰值区内形成一条卸压带，无法"卸掉"动压阶段浅部围岩高应力。

（2）由图 5.22 可知，随着造穴深度增加，沿巷道轴向形成的卸压带逐步内移。当造穴深度为 8～10 m 时，即可有效"卸掉"浅部围岩的高应力，同时足够的造穴深度保证了浅部围岩锚固结构的完整性。从 5 张应力三维图［图 5.22(b)～(f)］中可以看出，合理的造穴深度不仅可以满足静压阶段巷帮应力"峰值区"的有效卸压，还可满足动压阶段巷帮应力"高值区"的有效卸压。

此外，为更好地评估不同造穴深度在动压阶段的卸压效果，选择超前工作面 10.2 m 处（应力峰值区）开展数据监测进行卸压效果评估，其应力曲线图如图 5.23 所示，分析可获知如下信息。

（1）由图 5.23 应力曲线形态可知，采动应力来临后，巷帮应力场出现整体内移且应力值升高的现象，造穴后的巷帮应力场仍为双峰应力状态。随着造穴深度增加，应力外峰与内峰逐渐向深部转移，外峰值呈递增趋势，内峰值变化不大。结合静压阶段不同造穴深度垂直应力演化规律，造穴深度为 8 m 时，仍然符合造穴卸压基本原理，即浅部应力不变性，但此时的造穴孔只是卸掉了动压阶段

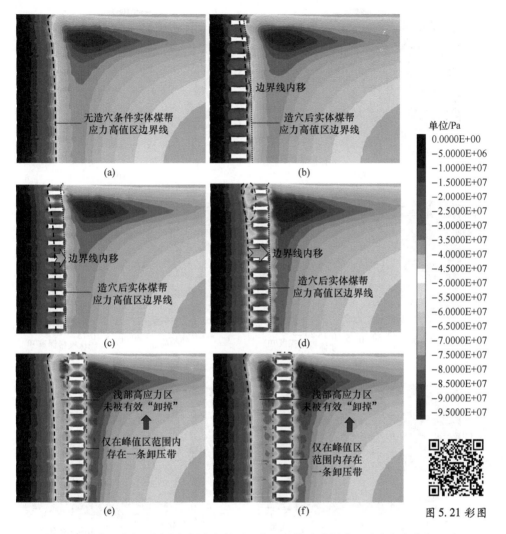

图 5.21 动压阶段不同造穴深度条件下工作面超前采动影响区垂直应力分布云图

（a）无造穴；（b）$L_1 = 4$ m；（c）$L_1 = 6$ m；（d）$L_1 = 8$ m；（e）$L_1 = 10$ m；（f）$L_1 = 12$ m

的高应力（相对而言，动压阶段的高应力也大于静压阶段的峰值应力），此时的造穴孔卸压仍可保证浅部围岩不受损伤的同时使其不存在高应力环境，维护围岩稳定性。

（2）采动应力影响阶段，工作面前方峰值区（以超前工作面 10.2 m 为例），当造穴深度为 4 ~ 12 m 时，支承应力外峰值依次为 12.26 MPa、23.98 MPa、40.94 MPa、68.55 MPa、90.73 MPa，则外峰值与原支承应力比值分别为 0.51、1.00、1.71、2.86、3.78，支承应力外峰值呈递增趋势，且当造穴深度由 10 m

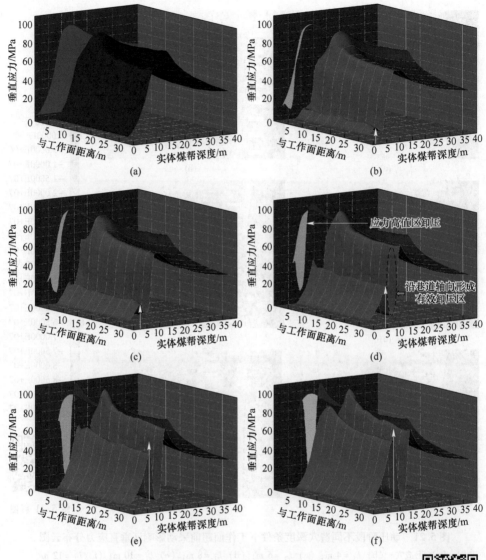

图 5.22 动压阶段不同造穴深度条件下工作面超前
采动影响区应力三维分布图

(a) 无造穴；(b) $L_1 = 4$ m；(c) $L_1 = 6$ m；
(d) $L_1 = 8$ m；(e) $L_1 = 10$ m；(f) $L_1 = 12$ m

图 5.22 彩图

增加至 12 m 时，支承应力外峰值骤增至 90.73 MPa，此时的浅部围岩应力值不利于锚固围岩的稳定。造穴深度为 4 ~ 12 m 时，支承应力内峰值依次为 95.50 MPa、96.59 MPa、101.99 MPa、107.93 MPa、107.12 MPa，则内峰值与原支承应力比值分别为 3.98、4.02、4.25、4.50、4.46。从数据中可以看出，造穴深度对应力

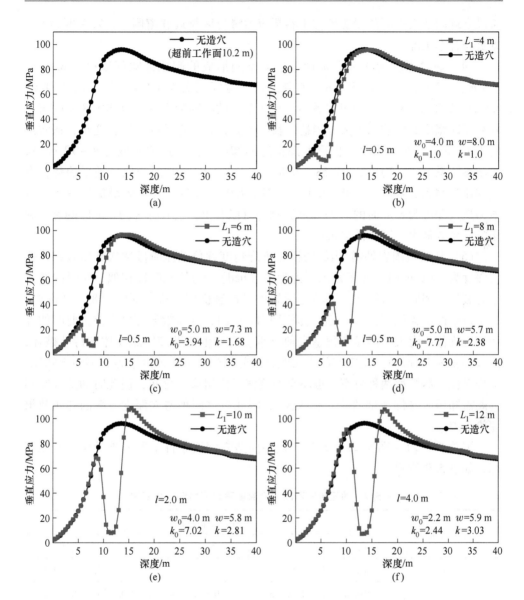

图 5.23　动压阶段不同造穴深度条件下工作面超前采动影响区
（超前距离为 10.2 m）支承应力分布曲线

（a）无造穴；（b）L_1=4 m；（c）L_1=6 m；（d）L_1=8 m；（e）L_1=10 m；（f）L_1=12 m

内峰值影响程度不大。

（3）造穴深度为 4～12 m 时，应力峰值位置内移距离依次为 0.5 m、0.5 m、0.5 m、2.0 m、4.0 m。从数据可以看出，造穴深度为 4～8 m 时，应力峰值内移效果不明显，这正是由造穴空间在动压阶段"高值区"卸压导致的。因此动压阶段合理的造穴空间位置应该位于巷帮应力峰值区靠近巷道侧，造穴深度为 8 m 则更符合本工况。

（4）造穴深度为 4～12 m 时，造穴空间形成的卸压区宽度依次为 8.0 m、7.3 m、6.2 m、5.8 m、5.9 m，有效卸压区宽度依次为 4.0 m、5.0 m、5.0 m、4.0 m、2.2 m。从数据中可以看出，动压阶段的不同造穴深度对卸压区宽度与有效卸压区宽度的影响均不大，当造穴长度过大，有效卸压区宽度将变小，造穴深度为 10 m 时，在动压阶段仍可发挥良好的卸压作用。造穴深度为 4～12 m 时，卸压参照系数依次为 1.0、1.68、2.38、2.81、3.03，其值变化呈递增趋势，有效卸压参照系数依次为 1.0、3.94、7.77、7.02、2.44，其值先增加后减小，极值为造穴深度为 8 m 时的 7.77。从数据中可以看出，造穴深度为 8 m 时的有效卸压参照系数最大，卸压效果最好。

（5）从巷道围岩外锚-内卸的核心机理角度评价动压阶段造穴卸压效果，造穴深度为 4～6 m 时，卸压效果评价为差（bad），与静压阶段相似，此时的造穴空间破坏了锚固围岩结构，不符合围岩外锚控制机理。造穴深度为 8～10 m 时，卸压效果评价为优（good）。造穴深度为 12 m 时，卸压效果评价为差，此时的外峰值区峰值应力大于静压阶段造穴前支承应力峰值，即该区域煤体被持续破坏，造穴深度为 12 m 时，造穴空间无法改善浅部围岩应力高值区应力，不利于卸压。综合对比，尽管后两种方案一般不会改变浅部围岩应力分布，但此时的造穴空间远离需卸压区（即浅部的应力高值区），因此对这两种造穴深度方案的卸压效果评价为差。

汇总图 5.21～图 5.23 中动压阶段不同造穴深度条件下围岩支承应力卸压指标，如表 5.9 所示。

表 5.9　动压阶段不同造穴深度垂直应力卸压指标量

卸压指标	不同造穴深度方案				
	S_1	S_2	S_3	S_4	S_5
l/m	0.5	0.5	0.5	2.0	4.0
$w_0/w(m/m)$	4.0/8.0	5.0/7.3	5.0/6.2	4.0/5.8	2.2/5.9
$k_0/k(m/m)$	1.0/1.0	3.94/1.68	7.77/2.38	7.02/2.81	2.44/3.03
造穴卸压效果（浅部应力不变）	bad	bad	good	good	bad

5.5.2　造穴长度对沿空掘巷围岩垂直应力的演化规律

图 5.24、图 5.25 为不同造穴长度条件（造穴深度固定为 8 m，造穴排距固

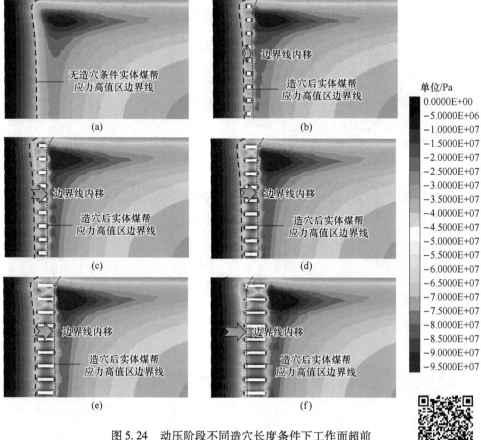

图 5.24　动压阶段不同造穴长度条件下工作面超前
采动影响区垂直应力分布云图
（a）无造穴；（b）$L_2 = 1$ m；（c）$L_2 = 2$ m；
（d）$L_2 = 3$ m；（e）$L_2 = 4$ m；（f）$L_2 = 5$ m

图 5.24 彩图

定为 3.2 m）下工作面超前采动影响区垂直应力分布云图与三维应力分布图如图
所示，在采动应力影响阶段，随着造穴长度逐渐增加，造穴引起的应力高值区边
界线内移幅度逐渐加大，卸压效果更为明显。结合三维应力图可知，当造穴长度
为 1~3 m 时，造穴空间形成的卸压区主要为应力高值区卸压。当造穴长度为 4~
5 m 时，造穴空间形成的卸压区为应力高值区与峰值区同时卸压，合理的造穴长
度可在动压阶段巷帮高应力区（局部峰值应力区）形成一定宽度的卸压连续带，
当然，造穴长度太大形成的卸压区宽度也会过大，多出的造穴空间卸压意义
不大。

　　同时选择超前工作面 10.2 m 处（应力峰值区）开展数据监测以评估不同造

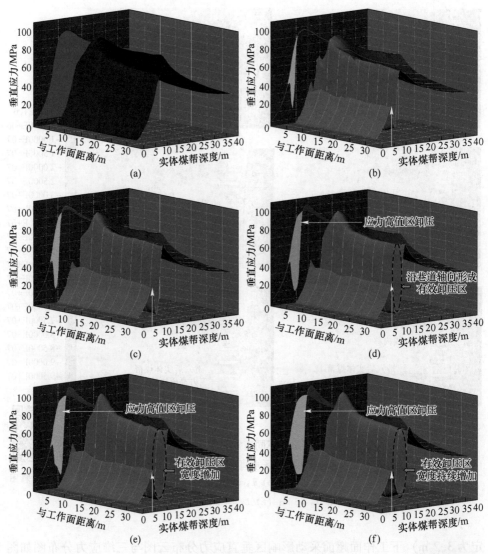

图 5.25 动压阶段不同造穴长度条件下工作面
超前采动影响区应力三维分布图

(a) 无造穴；(b) $L_2 = 1$ m；(c) $L_2 = 2$ m；

(d) $L_2 = 3$ m；(e) $L_2 = 4$ m；(f) $L_2 = 5$ m

图 5.25 彩图

穴长度在动压阶段的卸压效果，其垂直应力曲线如图 5.26 所示，结合曲线数据分析如下。

（1）不同造穴长度条件下，工作面前方采动应力影响区巷帮围岩应力场仍

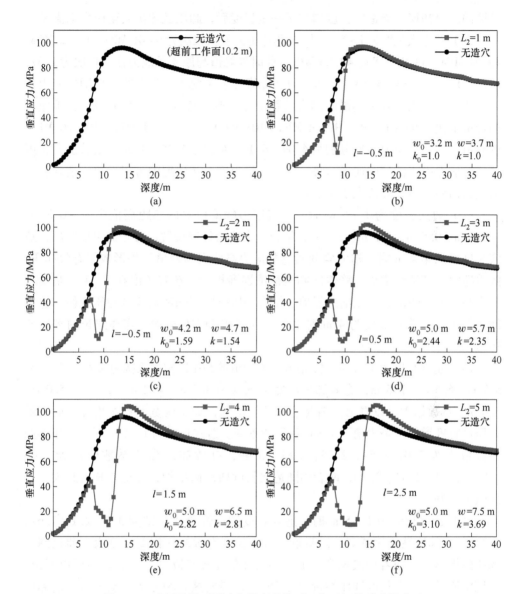

图 5.26　动压阶段不同造穴长度条件下工作面超前采动影响区
（超前距离为 10.2 m）支承应力分布曲线

（a）无造穴；（b）$L_2=1$ m；（c）$L_2=2$ m；（d）$L_2=3$ m；（e）$L_2=4$ m；（f）$L_2=5$ m

呈现双峰应力状态，由于造穴深度被固定，应力外峰值几乎无变化，随着造穴长度增加，双峰应力形态变化不大，双峰距离增加，其形成的卸压区范围相应增加，应力内峰内移的同时其值产生微小增加。结合图 5.25 三维应力图中不同造穴长度增加后工作面前方应力峰值位置的投影看出，此时造穴空间主要将巷帮高值区的应力卸掉，当造穴长度增加至一定程度后，卸压区才扩展至应力峰值区。

（2）当造穴长度为 1~5 m 时，支承应力外峰值依次为 40.01 MPa、41.82 MPa、40.94 MPa、44.05 MPa、44.25 MPa，此时外峰值与原支承应力比值依次为 1.67、1.74、1.71、1.84、1.84，支承应力外峰值几乎无变化，此时的浅部围岩应力值未发生明显变化，利于其锚固围岩的稳定性。造穴长度为 1~5 m 时，支承应力内峰值依次为 97.01 MPa、99.74 MPa、101.99 MPa、104.31 MPa、105.20 MPa，内峰值与原支承应力比值分别为 4.04、4.16、4.25、4.35、4.38。随着造穴长度增加，应力内峰值呈微递增趋势，增加趋势很小。从数据中可以看出，造穴长度对应力内峰值与外峰值大小影响均不大。

（3）造穴长度为 1~5 m 时，垂直应力峰值位置内移距离依次为 −0.5 m、−0.5 m、0.5 m、1.5 m、2.5 m，结合垂直应力峰值位置内移距离可以看出，造穴长度增加至 4 m 时，造穴空间对巷帮应力高值区与峰值区均形成了有效卸压。随着造穴长度持续增加，峰值区卸压范围逐渐扩大，造穴长度在 3~4 m 是巷帮应力高值区与峰值区卸压的边界值。结合静压阶段不同造穴长度卸压规律与造穴卸压施工量，造穴长度为 4 m 时更符合邢东矿 11216 运输巷实体煤帮内部造穴卸压。

（4）造穴长度为 1~5 m 时，造穴空间形成的卸压区宽度依次为 3.7 m、4.7 m、5.7 m、6.5 m、7.5 m，有效卸压区宽度依次为 3.2 m、4.2 m、5.0 m、5.0 m、5.0 m。从数据中可以看出，随着造穴长度增加，卸压区宽度持续增加，而有效卸压区宽度增加至最大值（5 m）后保持不变。造穴长度为 1~5 m 时，卸压参照系数依次为 1.0、1.54、2.35、2.81、3.69，有效卸压参照系数依次为 1.0、1.59、2.44、2.82、3.10，两者均随造穴长度增加而增加，即造穴长度越大，卸压效果越好。

（5）造穴长度为 1~5 m 时，造穴长度卸压性价比分别为 3.2、2.1、1.67、1.25、1，卸压性价比越高，说明单位造穴长度有效卸压区宽度越大，巷道围岩卸压效果越好。随着造穴长度增加，卸压性价比逐渐降低。从数据中可以看出，动压阶段不同造穴长度卸压性价比均大于 1，说明这 5 种方案在动压阶段的卸压有效性均较高。

（6）从巷道围岩外锚-内卸的核心机理角度评价方案 6~10 的造穴卸压效果，结合静压阶段各造穴长度方案卸压评价效果，其结果均为优（good），与静压阶段相似，主要是由于各方案固定了造穴深度，而造穴长度对浅部围岩应力分布几乎无影响，故卸压效果评价均为优。

汇总图 5.24~图 5.26 不同造穴长度围岩支承应力卸压指标，如表 5.10 所示。

表 5.10 动压阶段不同造穴长度垂直应力卸压指标量

卸压指标	不同造穴长度方案				
	S_6	S_7	S_8	S_9	S_{10}
l/m	−0.5	−0.5	0.5	1.5	2.5
K	3.2	2.1	1.67	1.25	1
$w_0/w(m/m)$	3.2/3.7	4.2/4.7	5.0/5.7	5.0/6.5	5.0/7.5
$k_0/k(m/m)$	1.0/1.0	1.59/1.54	2.44/2.35	2.82/2.81	3.10/3.69
造穴卸压效果（浅部应力不变）	good	good	good	good	good

5.5.3 造穴排距对沿空掘巷围岩垂直应力的演化规律

图 5.27、图 5.28 为不同造穴排距条件（造穴深度固定为 8 m，造穴长度固定为 3 m）下 11216 工作面超前采动影响区垂直应力分布云图与三维应力分布曲面。

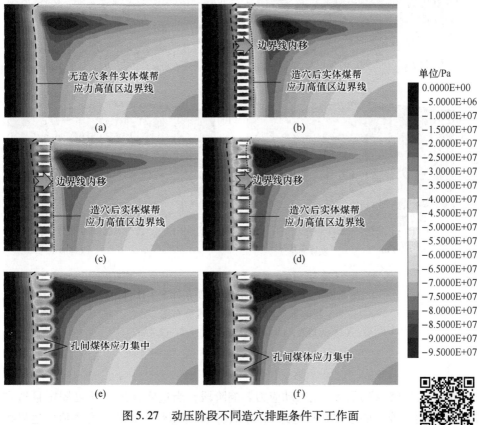

单位/Pa

0.0000E+00
−5.0000E+06
−1.0000E+07
−1.5000E+07
−2.0000E+07
−2.5000E+07
−3.0000E+07
−3.5000E+07
−4.0000E+07
−4.5000E+07
−5.0000E+07
−5.5000E+07
−6.0000E+07
−6.5000E+07
−7.0000E+07
−7.5000E+07
−8.0000E+07
−8.5000E+07
−9.0000E+07
−9.5000E+07

图 5.27 动压阶段不同造穴排距条件下工作面
超前采动影响区垂直应力分布云图
（a）无造穴；（b）$L_3 = 1.6$ m；（c）$L_3 = 2.4$ m；
（d）$L_3 = 3.2$ m；（e）$L_3 = 4.0$ m；（f）$L_3 = 4.8$ m

图 5.27 彩图

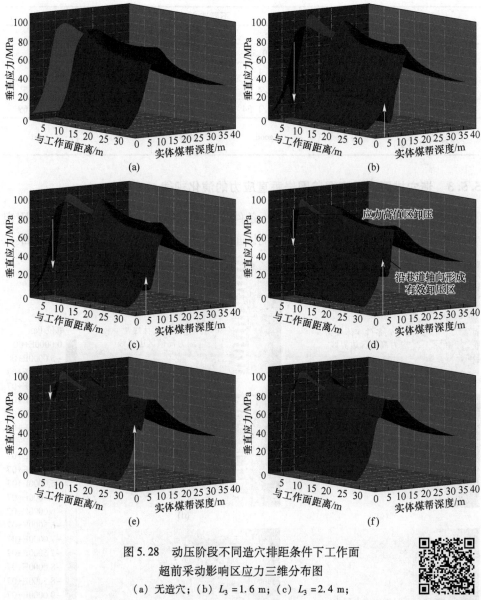

图 5.28　动压阶段不同造穴排距条件下工作面
超前采动影响区应力三维分布图

(a) 无造穴；(b) $L_3 = 1.6$ m；(c) $L_3 = 2.4$ m；
(d) $L_3 = 3.2$ m；(e) $L_3 = 4.0$ m；(f) $L_3 = 4.8$ m

图 5.28 彩图

（1）如图 5.27 所示，在采动应力影响阶段，当造穴深度与长度固定且造穴排距较小时，连续的造穴孔沿巷道轴向形成一条卸压带，巷帮应力高值区边界线可有效内移。但随着造穴排距增加，造穴孔间的应力降低区不连续甚至形成应力集中，巷帮应力高值区边界线无法有效内移（当造穴排距大于 3.2 m 时）。

（2）当造穴排距增加至3.2 m时，工作面前方垂直应力峰值区的造穴孔周围（包括造穴孔之间）出现应力集中［如图5.27(d)所示］，随着造穴排距持续增加，集中应力值与应力集中范围均增加，且其他造穴孔之间也会出现应力集中。

（3）图5.28中的三维应力分布图由各造穴孔间应力的组成，由图可以看出，随着造穴排距增加，造穴孔形成的连续卸压带卸压幅度逐渐降低，直至无卸压甚至出现应力升高现象。当造穴排距过大而无法形成有效卸压区时（如造穴排距为4.8 m时），工作面前方的应力分布恢复至原始状态，且会由于造穴空间的存在而出现应力值升高的现象。

为有效评估不同造穴排距在动压影响阶段的有效性，选择不同造穴排距条件下工作面前方应力峰值区位置开展卸压效果评估。为提高评估效果，选择造穴孔间中心位置进行数据提取，该位置是巷道围岩造穴卸压效果最差区域，该位置卸压效果越好说明该造穴排距下卸压效果越好。此外，由于数值模型建立时无法统一将工作面前方应力峰值位置放置于不同造穴排距条件下造穴孔间中心位置，因此不同造穴排距方案的数据均选取此方案下最接近工作面前方应力峰值区的数据。结合数值模型中不同造穴排距方案，造穴排距为1.6～4.8 m时，应力监测位置依次为工作面前方11 m、10.6 m、8.6 m、9 m、9.4 m，其垂直应力曲线如图5.29所示。

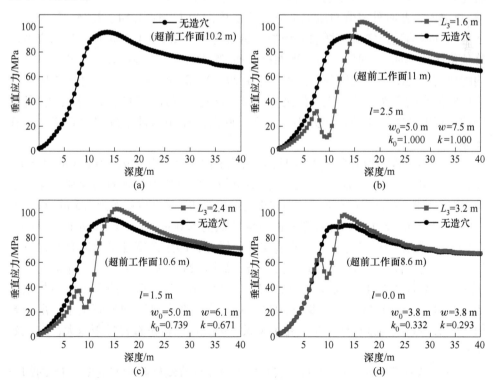

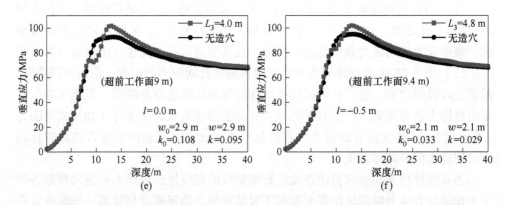

图 5.29 动压阶段不同造穴排距条件下工作面超前段剧烈影响区支承应力分布曲线
（a）无造穴；（b）$L_3=1.6$ m；（c）$L_3=2.4$ m；（d）$L_3=3.2$ m；（e）$L_3=4.0$ m；（f）$L_3=4.8$ m

（1）造穴排距为 $1.6\sim3.2$ m 时，实体煤帮围岩垂直应力场仍呈现双峰应力状态，造穴排距大于 4.0 m，应力双峰状态消失，应力分布恢复至原始状态，且出现应力升高。造穴排距小于 3.2 m 时，巷道浅部围岩应力降低，主要是由于密集的造穴孔使得周围煤岩体裂隙扩展范围变广，损伤了浅部锚固煤岩结构。当造穴排距为 $1.6\sim4.0$ m 时，支承应力外峰值依次为 32.15 MPa、37.00 MPa、66.00 MPa、73.45 MPa，此时外峰值与原支承应力比值依次为 1.34、1.54、2.75、3.06，支承应力外峰值随造穴排距增加而增加。造穴排距为 $1.6\sim4.8$ m 时，支承应力内峰值依次为 104.32 MPa、103.05 MPa、98.28 MPa、101.80 MPa、101.94 MPa，内峰值与原支承应力比值分别为 4.35、4.29、4.10、4.24、4.25，造穴排距对应力内峰值影响不大。需要说明的是，由于不同造穴排距所对应的超前距离不同，因此所得的数据结果的规律并不能完全反映造穴排距条件下围岩垂直应力运移规律。

（2）造穴排距为 $1.6\sim4.8$ m 时，应力峰值位置内移距离依次为 2.5 m、1.5 m、0.0 m、0.0 m、-0.5 m，随着造穴排距增加，应力峰值位置内移距离呈递减趋势。造穴排距为 $1.6\sim4.8$ m 时，造穴空间形成的卸压区宽度依次为 7.5 m、6.1 m、3.8 m、2.9 m、2.1 m，有效卸压区宽度依次为 5.0 m、5.0 m、3.8 m、2.9 m、2.1 m。从数据中可以看出，随着造穴排距增加，卸压区宽度呈递减趋势，有效卸压区宽度先保持不变（5 m），随后逐渐减小。造穴排距为 $1.6\sim4.8$ m 时，卸压参照系数依次为 1.0、0.671、0.293、0.095、0.029，有效卸压参照系数依次为 1.0、0.739、0.332、0.108、0.033，两者均随造穴排距增加而减小。由于有效卸压参照系数与卸压效果呈正相关关系，因此可以得出造穴排距越大，卸压效果越差。

（3）从巷道围岩外锚-内卸的核心机理角度评价动压阶段方案 $11\sim15$ 的卸压

效果，当造穴排距为 1.6~2.4 m 时，其卸压效果均评价为差（bad），其原因与静压阶段相似。当造穴排距为 3.2 m 时，卸压效果评价为优（good），此时浅部围岩满足应力不变准则。当造穴排距为 4.0~4.8 m 时，卸压效果评价为差（bad），主要是由于造穴排距大而发生应力集中现象。

汇总图 5.27~图 5.29 中动压阶段不同造穴排距条件下围岩支承应力卸压指标，如表 5.11 所示。

表5.11 动压阶段不同造穴排距垂直应力卸压指标量

卸压指标	不同造穴排距方案				
	S_{11}	S_{12}	S_{13}	S_{14}	S_{15}
l/m	2.5	1.5	0.0	0.0	−0.5
$w_0/w(m/m)$	5.0/7.5	5.0/6.1	3.8/3.8	2.9/2.9	2.1/2.1
$k_0/k(m/m)$	1.0/1.0	0.739/0.671	0.332/0.293	0.108/0.095	0.033/0.029
造穴卸压效果（浅部应力不变）	bad	bad	good	bad	bad

5.6 动压阶段沿空掘巷围岩偏应力的演化规律

5.6.1 造穴深度对沿空掘巷围岩偏应力的演化规律

结合 5.4.2 节研究可知，随着 11216 工作面向前推进，超前采动影响区的沿空掘巷实体煤帮不同造穴参量的偏应力场不断发生变化，本小节主要在此基础上阐明动压阶段不同造穴深度条件下（造穴长度固定为 3 m，造穴排距固定为 3.2 m）沿空掘巷-造穴空间围岩偏应力场的运移演化规律，图 5.30、图 5.31 为不同造穴深度条件下工作面超前采动影响区偏应力分布云图与偏应力三维分布图。

（1）当造穴深度为 4 m 时，造穴引起的偏应力高值区边界线未发生变化。当造穴深度为 6~8 m 时，边界线发生有效内移，产生良好的卸压作用。当造穴深度为 10~12 m 时，巷道与造穴孔间形成新的偏应力高值区，造穴孔形成一条沿巷道轴向的卸压带，卸压效果降低。

（2）由图 5.31 偏应力三维图可知，不同造穴深度形成的巷帮偏应力场形态与垂直应力类似，其值远小于后者。对比可知，当造穴深度为 8 m 时，浅部围岩偏应力未发生变化，巷帮深部偏应力高值区被有效"卸掉"，制造深度合理的造穴孔，可在动压区形成良好的卸压带。

为更好地评估不同造穴深度在动压阶段的偏应力卸压效果，选择超前工作面 10.2 m（偏应力峰值区）处开展数据监测并进行卸压效果评估，其应力曲线图如

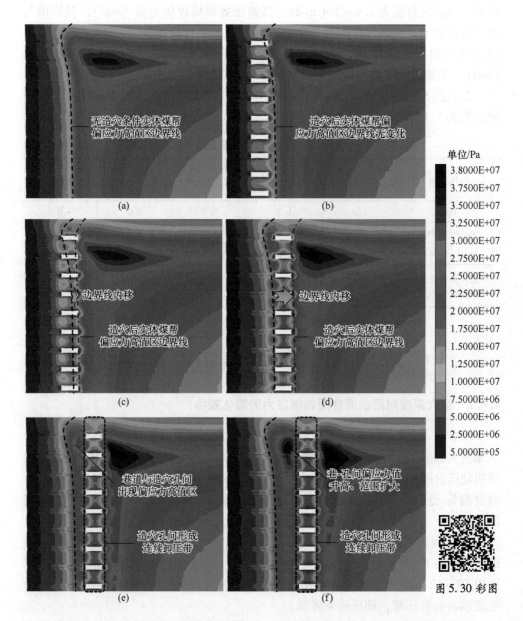

图 5.30　动压阶段不同造穴深度条件下工作面超前采动影响区偏应力分布云图

（a）无造穴；（b）$L_1 = 4$ m；（c）$L_1 = 6$ m；（d）$L_1 = 8$ m；（e）$L_1 = 10$ m；（f）$L_1 = 12$ m

图 5.32 所示。

（1）由图 5.32 应力曲线分布可知，工作面开采致使前方偏应力场内移其偏应力值升高，造穴后巷帮偏应力"单峰"分布形态变为"双峰"分布形态，随

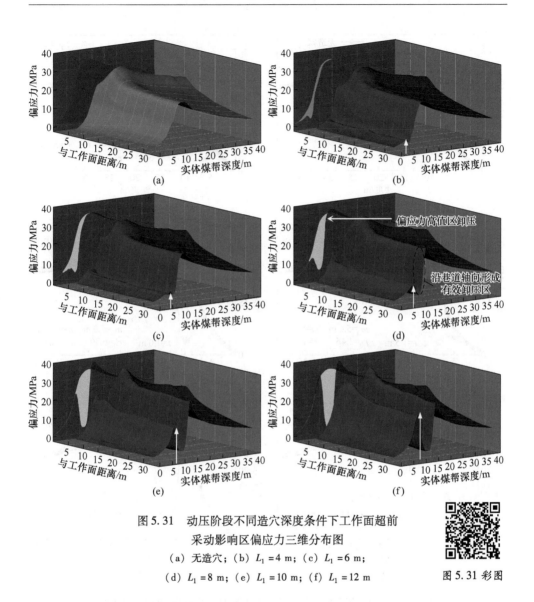

图 5.31　动压阶段不同造穴深度条件下工作面超前
采动影响区偏应力三维分布图

（a）无造穴；（b）$L_1 = 4$ m；（c）$L_1 = 6$ m；
（d）$L_1 = 8$ m；（e）$L_1 = 10$ m；（f）$L_1 = 12$ m

图 5.31 彩图

着造穴深度增加，偏应力外峰值升高，偏应力内峰值变化不大。

（2）在工作面前方偏应力峰值区（以超前工作面 10.2 m 为例），当造穴深度为 4～12 m 时，偏应力外峰值依次为 4.81 MPa、5.85 MPa、10.85 MPa、21.88 MPa、30.87 MPa，故外峰值与自定义偏应力常量（8 MPa）比值依次为 0.60、0.73、1.36、2.74、3.86。随着造穴深度增加，偏应力外峰值逐渐增加，且当造穴深度由 8 m 增加至 10 m 时，偏应力外峰值发生激增，此时的浅部高偏应力峰值不利于浅部围岩的稳定性。当造穴深度为 4～12 m 时，偏应力内峰值依次为 33.90 MPa、

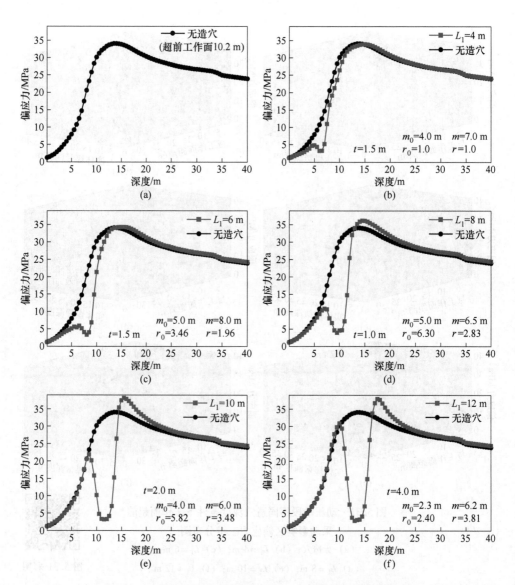

图 5.32　动压阶段不同造穴深度条件下工作面超前段剧烈影响区

（超前距离为 10.2 m）偏应力分布曲线

（a）无造穴；（b）$L_1 = 4$ m；（c）$L_1 = 6$ m；（d）$L_1 = 8$ m；（e）$L_1 = 10$ m；（f）$L_1 = 12$ m

34.30 MPa、36.16 MPa、38.13 MPa、37.91 MPa，故内峰值与自定义偏应力常量比值分别为 4.24、4.29、4.52、4.77、4.74。从数据中可以看出，造穴深度对偏应力内峰值影响不大。

（3）造穴深度为 4～12 m 时，偏应力峰值位置内移距离依次为 1.5 m、1.5 m、

1.0 m、2.0 m、4.0 m。从数据可以看出，造穴深度为 4~10 m 时，偏应力峰值内移程度变化不大，此时的造穴空间主要发挥巷帮浅部围岩偏应力"高值区"卸压作用。

（4）造穴深度为 4~12 m 时，造穴空间形成的偏应力卸压区宽度依次为 7.0 m、8.0 m、6.5 m、6.0 m、6.2 m，偏应力有效卸压区宽度依次为 4.0 m、5.0 m、5.0 m、4.0 m、2.3 m。从数据中可以看出，造穴深度对两者影响不大。造穴深度为 4~12 m 时，偏应力卸压参照系数依次为 1.0、1.96、2.83、3.48、3.81，其值随造穴深度增加呈增加趋势，偏应力有效卸压参照系数依次为 1.0、3.46、6.30、5.82、2.40，其值随造穴深度增加先增加后减小，极值为造穴深度为 8 m 时的 6.30。从数据中可以看出，造穴深度为 8 m 时的偏应力有效卸压参照系数最大，偏应力卸压效果最好。

（5）从巷道围岩外锚-内卸的核心机理角度评价动压阶段造穴偏应力卸压效果，造穴深度为 4~6 m 时，卸压效果评价为差（bad），与静压阶段相似；造穴深度为 8~10 m 时，卸压效果评价为优（good），造穴深度为 12 m 时，卸压效果评价为差。

汇总图 5.30~图 5.32 不同造穴深度围岩偏应力卸压指标，如表 5.12 所示。

表 5.12　动压阶段不同造穴深度偏应力卸压指标量

卸压指标	不同造穴深度方案				
	S_1	S_2	S_3	S_4	S_5
t/m	1.5	1.5	1.0	2.0	4.0
m_0/m (m/m)	4.0/7.0	5.0/8.0	5.0/6.5	4.0/6.0	2.3/6.2
r_0/r (m/m)	1.0/1.0	3.46/1.96	6.30/2.83	5.82/3.48	2.40/3.81
造穴卸压效果（浅部偏应力不变）	bad	bad	good	good	bad

5.6.2　造穴长度对沿空掘巷围岩偏应力的演化规律

图 5.33、图 5.34 为不同造穴长度条件（造穴深度固定为 8 m，造穴排距固定为 3.2 m）下工作面超前采动影响区偏应力分布云图与偏应力三维分布图，结合图中偏应力分布特征分析如下。

（1）在本工作面采动应力影响阶段，当造穴长度为 1 m 时，由于造穴空间小，未形成有效的卸压区，偏应力高值区边界线无变化，随着造穴长度逐渐增加，造穴引起的偏应力高值区边界线内移幅度逐渐加大，偏应力卸压效果更加显著。

（2）结合图 5.34 中的偏应力三维分布图可知，当造穴长度增加至 3 m 时，

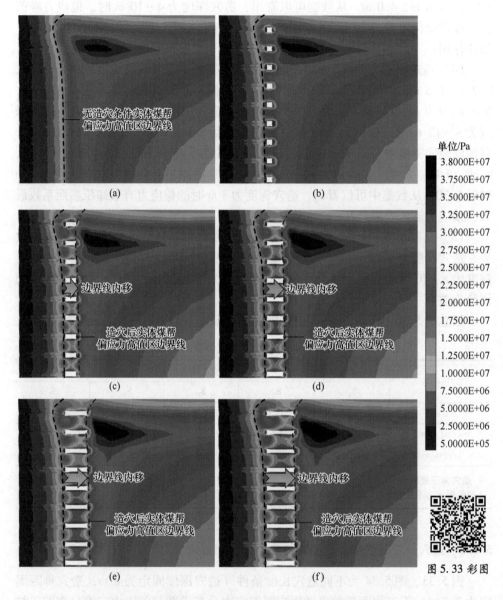

图 5.33 彩图

图 5.33 动压阶段不同造穴长度条件下工作面超前采动影响区偏应力分布云图
（a）无造穴；（b）$L_2 = 1$ m；（c）$L_2 = 2$ m；（d）$L_2 = 3$ m；（e）$L_2 = 4$ m；（f）$L_2 = 5$ m

沿巷道轴向形成连续有效的偏应力卸压连续带，随着造穴长度增加，偏应力卸压连续带宽度持续增加。从图中可以看出，造穴长度对超前采动偏应力影响区的偏应力分布（包括偏应力峰值与峰值区范围）影响较大，主要影响了偏应力卸压区的范围。

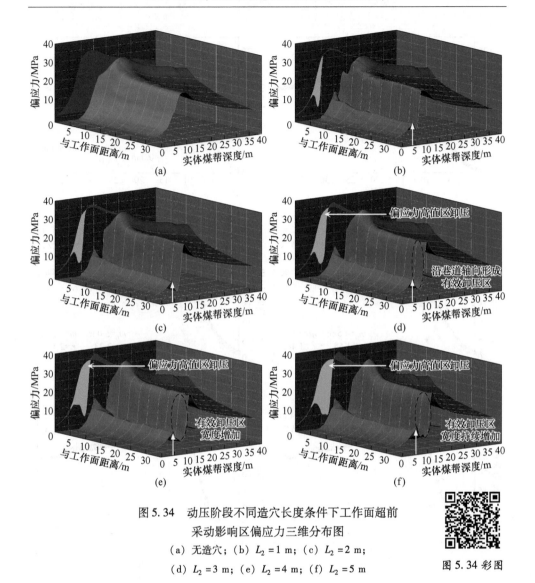

图 5.34　动压阶段不同造穴长度条件下工作面超前
采动影响区偏应力三维分布图

（a）无造穴；（b）$L_2 = 1$ m；（c）$L_2 = 2$ m；

（d）$L_2 = 3$ m；（e）$L_2 = 4$ m；（f）$L_2 = 5$ m

图 5.34 彩图

　　选择超前工作面 10.2 m 处开展偏应力数据监测以评估不同造穴长度在动压阶段的偏应力卸压效果，其偏应力曲线如图 5.35 所示，结合曲线数据分析如下。

　　（1）工作面前方采动偏应力影响区不同造穴长度条件下实体煤帮围岩偏应力场呈双峰分布状态，随着造穴长度增加，双峰形态变化不大，双峰距离增加，偏应力内峰内移的同时其偏应力值产生微小增加。结合图 5.34 中偏应力三维分布图中峰值位置的投影形态，造穴空间主要将巷帮偏应力高值区的偏应力卸掉，随着造穴长度增加至 4.0 m，偏应力卸压区扩展至未造穴时的实体煤帮偏应力峰值区，有效卸压区范围持续增加。

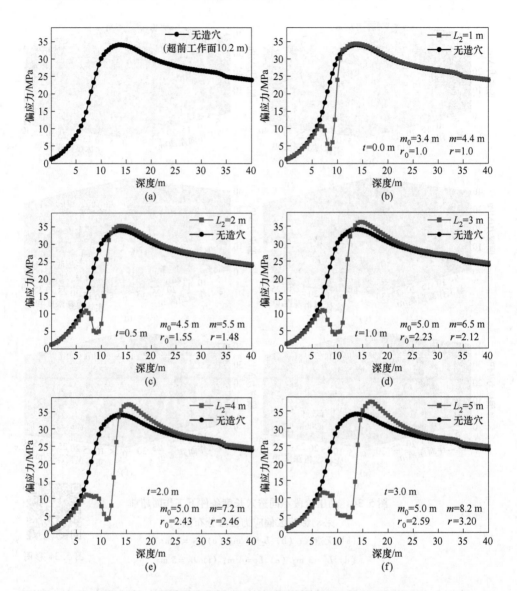

图 5.35 动压阶段不同造穴长度条件下工作面超前采动影响区
（超前距离为 10.2 m）偏应力分布曲线
（a）无造穴；（b）$L_2 = 1$ m；（c）$L_2 = 2$ m；（d）$L_2 = 3$ m；（e）$L_2 = 4$ m；（f）$L_2 = 5$ m

（2）当造穴长度为 1 ~ 5 m 时，偏应力外峰值依次为 10.77 MPa、10.94 MPa、10.85 MPa、11.10 MPa、11.48 MPa，此时偏应力外峰值与自定义偏应力常量（8 MPa）比值依次为 1.35、1.37、1.36、1.39、1.44，偏应力外峰值几乎无变化，此时的浅部围岩偏应力分布未发生明显变化。造穴长度为 1 ~ 5 m 时，偏应力内峰值依次为 34.38 MPa、35.26 MPa、36.16 MPa、37.07 MPa、37.59 MPa，偏应力内峰值与自定义偏应力常量比值分别为 4.30、4.41、4.52、4.63、4.70。随着造穴长度增加，偏应力内峰值逐渐增加，增长趋势较小。从数据中可以看出，造穴长度对偏应力内峰值与外峰值影响均不大。

（3）造穴长度为 1~5 m 时，偏应力峰值位置内移距离依次为 0.0 m、0.5 m、1.0 m、2.0 m、3.0 m。造穴长度为 1~3 m 时，偏应力峰值内移程度较小，此时的造穴空间主要发挥巷帮浅部围岩偏应力"高值区"的卸压作用。造穴长度为 4~5 m 时，造穴空间不仅对浅部围岩偏应力高值区进行有效卸压，还对偏应力峰值区进行卸压。造穴长度为 1~5 m 时，造穴长度偏应力卸压性价比分别为 3.4、2.25、1.67、1.25、1，偏应力卸压性价比越高，说明单位造穴长度偏应力有效卸压区宽度越大，巷道围岩卸压效果越好。从数据中可以看出，动压阶段不同造穴长度偏应力卸压性价比均大于 1，说明这 5 种方案在动压阶段的偏应力卸压有效性均较高。

（4）造穴长度为 1~5 m 时，造穴空间形成的偏应力卸压区宽度依次为 4.4 m、5.5 m、6.5 m、7.2 m、8.2 m，偏应力有效卸压区宽度依次为 3.4 m、4.5 m、5.0 m、5.0 m、5.0 m。随着造穴长度增加，前者逐渐增加，后者增加至最大值（5 m）后保持不变。造穴长度为 1~5 m 时，偏应力卸压参照系数依次为 1.0、1.48、2.12、2.46、3.20，偏应力有效卸压参照系数依次为 1.0、1.55、2.23、2.43、2.59，两者均随造穴长度增加而增加，即造穴长度越大，卸压效果越好。

（5）从巷道围岩外锚-内卸的核心机理角度评价动压阶段方案 6~10 的偏应力卸压效果，结合静压阶段各造穴长度方案偏应力卸压评价效果，其结果均为优（good），与原因与静压阶段相似。

汇总图 5.33~图 5.35 中动压阶段不同造穴长度条件下围岩偏应力卸压指标，如表 5.13 所示。

表 5.13　动压阶段不同造穴长度偏应力卸压指标量

卸压指标	不同造穴长度方案				
	S_6	S_7	S_8	S_9	S_{10}
t/m	0.0	0.5	1.0	2.0	3.0
R	3.4	2.25	1.67	1.25	1
$m_0/m(m/m)$	3.4/4.4	4.5/5.5	5.0/6.5	5.0/7.2	5.0/8.2
$r_0/r(m/m)$	1.0/1.0	1.55/1.48	2.23/2.12	2.43/2.46	2.59/3.20
造穴卸压效果（浅部偏应力不变）	good	good	good	good	good

5.6.3   造穴排距对沿空掘巷围岩偏应力的演化规律

图 5.36、图 5.37 为不同造穴排距条件（造穴深度固定为 8 m，造穴长度固定为 3.0 m）下工作面超前采动影响区偏应力分布云图与偏应力三维分布图，结合图中偏应力分布特征分析可知：

（1）如图 5.36、图 5.37 所示，与垂直应力云图类似，采动应力影响阶段，连续的造穴孔沿巷道轴向形成一条偏应力卸压带（图 5.37 的偏应力三维分布图

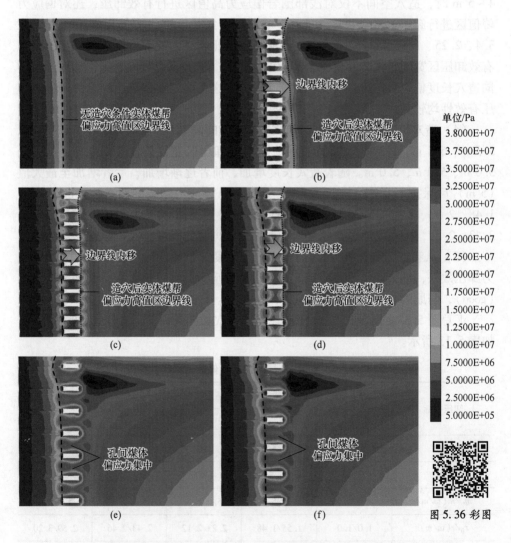

图 5.36   动压阶段不同造穴排距条件下工作面超前采动影响区偏应力分布云图

（a）无造穴；（b）$L_3 = 1.6$ m；（c）$L_3 = 2.4$ m；（d）$L_3 = 3.2$ m；（e）$L_3 = 4.0$ m；（f）$L_3 = 4.8$ m

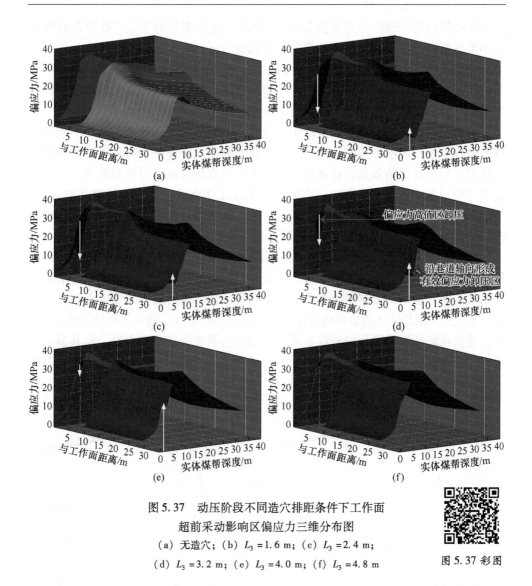

图 5.37 动压阶段不同造穴排距条件下工作面
超前采动影响区偏应力三维分布图
（a）无造穴；（b）$L_3 = 1.6$ m；（c）$L_3 = 2.4$ m；
（d）$L_3 = 3.2$ m；（e）$L_3 = 4.0$ m；（f）$L_3 = 4.8$ m

图 5.37 彩图

更直观地展示了连续造穴孔形成的与巷道平行的卸压带），11216 运输巷实体煤帮的偏应力高值区边界线向深部转移（造穴排距由 1.6 m 增加至 3.2 m），但随着造穴排距的进一步增加（造穴排距增加至 4.0 m、4.8 m 时），造穴孔间的偏应力恢复、集中，偏应力高值区（靠近巷道侧）恢复至未卸压时，造穴孔逐渐失去卸压效果。

（2）对比不同造穴排距条件下偏应力云图，可以看出，当造穴排距较小时（造穴排距为 1.6~2.4 m），造穴孔可对峰值偏应力区形成有效卸压，降低该区高偏应力的同时，不影响浅部围岩应力状态。当造穴排距为 3.2 m 或更大时，该区造穴孔周边的高偏应力并未被有效"卸掉",这主要是由于造穴孔分散致使形成小范围的卸压区不足以对大范围的峰值偏应力区开展卸压作用。

(3) 图 5.37 中的偏应力三维分布图由各造穴孔间应力的组成,如图 5.37 所示,随着造穴排距增加,造穴空间卸压作用逐渐降低,各造穴孔无法形成连续的卸压带,甚至在造穴孔间出现应力升高现象。

为分析与评估的动压影响阶段不同造穴排距偏应力卸压效果,选择不同造穴排距条件下工作面前方偏应力峰值区位置开展卸压效果评估,与垂直应力分析方式类似,为提高评估效果,选择造穴孔间中心位置进行偏应力数据提取,且不同造穴排距方案的数据均选取对应方案下最接近工作面前方偏应力峰值区的数据,故造穴排距为 1.6 ~ 4.8 m 时,应力监测位置依次为工作面前方 11 m、10.6 m、8.6 m、9 m、9.4 m,偏应力曲线如图 5.38 所示,结合曲线数据分析如下。

(1) 由曲线数据可以看出,工作面前方峰值区(以超前工作面 10.2 m 为例) 峰值偏应力为 34.11 MPa。造穴排距为 1.6 m 时,峰值区的孔间煤体形成良好的卸压区,但同时受密集造穴孔影响,巷道浅部煤体的偏应力场也受到较大扰动,致使锚固区煤体塑性破坏程度加剧,不利于其稳定性。造穴排距增加至 2.4 m时,造穴孔卸压效果仍保持较高水平,尽管浅部围岩损伤程度变低,但其偏应力场仍受到破坏。当造穴排距为 3.2 m 时,浅部偏应力场保持不变,工作面前方峰

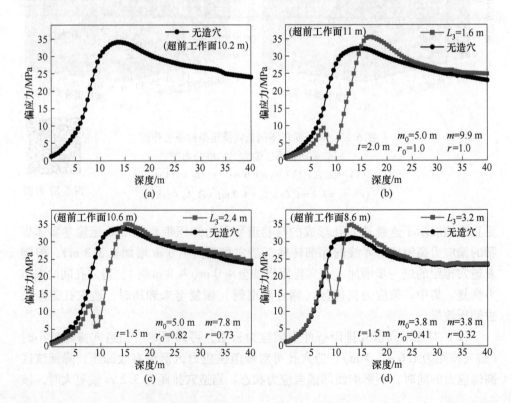

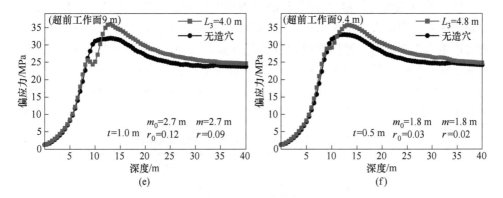

图 5.38 动压阶段不同造穴排距条件下工作面超前段剧烈影响区偏应力分布曲线

（a）无造穴；（b）$L_3 = 1.6$ m；（c）$L_3 = 2.4$ m；（d）$L_3 = 3.2$ m；（e）$L_3 = 4.0$ m；（f）$L_3 = 4.8$ m

值偏应力场内的造穴孔间煤体仍形成良好的卸压区，卸压效果明显。当造穴排距为 4.0～4.8 m 时，孔间偏应力卸压效果几乎消失，同时造穴孔两端形成偏应力集中区，加剧围岩破坏。

（2）当造穴排距为 1.6～4.0 m 时，偏应力外峰值依次为 9.32 MPa、11.75 MPa、22.45 MPa、25.66 MPa，此时偏应力外峰值与自定义偏应力常量（8 MPa）比值依次为 1.17、1.47、2.81、3.21，造穴排距越大，偏应力外峰值越大，直至恢复原始偏应力状态。造穴排距为 1.6～4.8 m 时，偏应力内峰值依次为 35.44 MPa、35.05 MPa、34.77 MPa、35.90 MPa、35.64 MPa，内峰值与自定义偏应力常量比值分别为 4.43、4.38、4.35、4.49、4.46。从数据可以看出，造穴排距对偏应力内峰值影响不大。

（3）造穴排距为 1.6～4.8 m 时，偏应力峰值位置内移距离依次为 2.0 m、1.5 m、1.5 m、1.0 m、0.5 m。随着造穴排距增加，偏应力峰值位置内移距离随造穴排距增加而降低，说明排距加大致使孔间煤体偏应力场逐渐恢复，卸压效果逐步减小。造穴排距为 1.6～4.8 m 时，造穴空间形成的偏应力卸压区宽度依次为 9.9 m、7.8 m、3.8 m、2.7 m、1.8 m，偏应力有效卸压区宽度依次为 5.0 m、5.0 m、3.8 m、2.7 m、1.8 m，造穴排距越大，孔间偏应力卸压区宽度呈递减趋势，而偏应力有效卸压区宽度由排距为 1.6～2.4 m 时的 5 m（最大值）后逐渐降低。综合 5 种造穴排距方案下浅部偏应力场状态、孔间煤体偏应力卸压程度，可以看出，造穴排距为 3.2 m 时卸压效果最好。

（4）造穴排距为 1.6～4.8 m 时，偏应力卸压参照系数依次为 1.0、0.73、0.32、0.09、0.02，有效卸压参照系数依次为 1.0、0.82、0.41、0.12、0.03，两者均随造穴排距增加而减小，单从卸压程度分析，造穴排距越大，卸压效果越差。

（5）从巷道围岩外锚-内卸的核心机理角度评价动压阶段方案 11～15 的偏应力卸压效果，当造穴排距为 1.6～2.4 m 时，其卸压效果均评价为差（bad）；当造穴排距为 3.2 m 时，卸压效果评价为优（good），此时浅部围岩既满足偏应力不变准则；当造穴排距为 4.0～4.8 m 时，卸压效果评价为差（bad）。

汇总图 5.36～图 5.38 中动压阶段不同造穴排距条件下围岩偏应力卸压指标，如表 5.14 所示。

表 5.14　动压阶段不同造穴排距偏应力卸压指标量

卸压指标	不同造穴深度方案				
	S_{11}	S_{12}	S_{13}	S_{14}	S_{15}
t/m	2.0	1.5	1.5	1.0	0.5
$m_0/m(m/m)$	5.0/9.0	5.0/7.8	3.8/3.8	2.7/2.7	1.8/1.8
$r_0/r(m/m)$	1.0/1.0	0.82/0.73	0.41/0.32	0.12/0.09	0.03/0.02
造穴卸压效果（浅部偏应力不变）	bad	bad	good	bad	bad

5.7　深部沿空掘巷围岩卸压规律汇总与关键参数的确定准则

5.7.1　深部强动压沿空掘巷围岩卸压规律汇总

本章 5.2～5.3 节与 5.5～5.6 节分别分析了静压阶段、动压阶段不同造穴参量下千米深井沿空掘巷实体煤帮围岩应力场（垂直应力、偏应力）运移特征，阐明了深井沿空掘巷围岩应力场随造穴参量的运移演化规律。同时基于数值模拟分析结果确定了邢东矿 11216 运输巷实体煤帮合理的造穴卸压关键参量（造穴深度、造穴长度与造穴排距），结合 5.1.3 节阐明的造穴卸压效果评价指标，汇总两个阶段不同造穴参量下巷道-造穴孔围岩应力卸压特征（关键卸压指标），如表 5.15 所示。

结合上文分析，各造穴参量对造穴空间卸压效果影响程度大小关系为：造穴深度＞造穴排距＞造穴长度。在静压阶段，当造穴深度较小时（＜8 m），造穴空间影响浅部锚固围岩结构，卸压效果差。当造穴深度较大时（＞10 m），靠近巷道的部分应力峰值区应力反而升高，卸压效果差。造穴长度越大，卸压效果越好，但受施工效率、生产时间等因素影响不能无限增加造穴长度。当造穴排距过小时（＜3.2 m），密集的造穴孔损坏了浅部围岩结构，制约其卸压效果。造穴排距过大时（≥4.0 m），造穴孔间煤体出现应力集中，卸压效果降低。结合静压

表 5.15　不同阶段造穴卸压关键指标汇总

应力指标		垂 直 应 力				偏 应 力			
卸压指标		l/m	w_0/m	k_0/m	卸压效果	t/m	m_0/m	r_0/m	卸压效果
造穴方案	静压阶段								
		S_1	0.0	1.0	1.0	bad	0.0	0.5	1.0	bad
		S_2	1.0	3.5	18.1	bad	1.0	3.5	32.2	bad
		S_3	2.5	4.5	34.8	good	3.0	4.6	66.4	good
		S_4	4.5	3.5	29.8	good	4.5	3.8	58.0	good
		S_5	6.0	2.5	9.8	bad	6.5	2.7	22.2	bad
		S_6	0.0	2.5	1.0	good	0.0	2.8	1.0	good
		S_7	1.5	3.8	2.4	good	1.5	3.8	2.10	good
		S_8	2.5	4.5	3.4	good	3.0	4.7	2.80	good
		S_9	3.5	5.0	4.2	good	3.5	5.0	3.24	good
		S_{10}	5.0	5.0	4.5	good	5.0	5.0	3.37	good
		S_{11}	5.5	5.0	1.0	bad	5.5	5.0	1.0	bad
		S_{12}	4.5	5.0	0.808	bad	4.5	5.0	0.85	bad
		S_{13}	2.5	4.0	0.503	good	3.0	4.6	0.88	good
		S_{14}	1.5	2.5	0.146	bad	2.0	3.9	0.58	bad
		S_{15}	1.0	1.0	0.009	bad	1.5	2.8	0.15	bad
	动压阶段	S_1	0.5	4.0	1.0	bad	1.5	4.0	1.0	bad
		S_2	0.5	5.0	3.94	bad	1.5	5.0	3.46	bad
		S_3	0.5	5.0	7.77	good	1.0	5.0	6.30	good
		S_4	2.0	4.0	7.02	good	2.0	4.0	5.82	good
		S_5	4.0	2.2	2.44	bad	4.0	2.3	2.40	bad
		S_6	-0.5	3.2	1.0	good	0.0	3.4	1.0	good
		S_7	-0.5	4.2	1.59	good	0.5	4.5	1.55	good
		S_8	0.5	5.0	2.44	good	1.0	5.0	2.23	good
		S_9	1.5	5.0	2.82	good	2.0	5.0	2.43	good
		S_{10}	2.5	5.0	3.10	good	3.0	5.0	2.59	good
		S_{11}	2.5	5.0	1.0	bad	2.0	5.0	1.0	bad
		S_{12}	1.5	5.0	0.739	bad	1.5	5.0	0.82	bad
		S_{13}	0.0	3.8	0.332	good	1.5	3.8	0.41	good
		S_{14}	0.0	2.9	0.108	bad	1.0	2.7	0.12	bad
		S_{15}	-0.5	2.1	0.033	bad	0.5	1.8	0.03	bad

阶段巷道围岩应力（垂直应力、偏应力）随造穴参量变化的运移规律，汇总、

分析核心卸压指标随造穴参量的演化趋势（图 5.9、图 5.14），初步确定邢东矿 11216 运输巷实体煤帮合理的造穴孔参数范围为：造穴深度为 8 ~ 10 m，造穴长度为 4 m，造穴排距为 3.2 m。

根据 5.4 节分析可知，随着工作面向前推进，采动应力作用于工作面前方沿空掘巷实体煤帮，致使沿空掘巷实体煤帮形成不规则的应力峰值区，同时形成实体煤帮应力峰值点向深部转移、浅部围岩应力微小增加、深部（峰值点及更深部）围岩应力激增的应力分布特征。在这种应力场（动压影响阶段）条件下，造穴深度为 4 ~ 6 m 时，会影响浅部围岩应力分布；造穴深度为 8 m 时，造穴空间主要降低了靠近巷道侧的围岩高应力区（即高值区卸压），因为此时部分应力高值区的应力值也很高；造穴深度为 10 m 时，造穴孔可将此时的应力峰值区进行卸压；造穴长度大于 10 m 后，造穴空间虽然也可形成大范围的卸压空间，但靠近巷道的部分应力高值区应力高，甚至较未卸压时应力值更大，相对卸压效果差。与静压阶段相似，造穴长度越大，卸压效果越好，但造穴长度过小时（≤1 m），尽管造穴排距相对合理，此时造穴孔卸压效果也很差。造穴排距对动压阶段围岩应力场的影响程度与静压阶段相似，主要是因为采动应力场使得巷帮峰值应力区向巷道深部转移，在沿巷道轴向的改变不大。总之，基于静压阶段确定的合理造穴参量，其在动压阶段仍可发挥良好的卸压作用，尽管如此，在工作面前方峰值应力区（宽度约 5 m），造穴空间的卸压效果并不好，这与造穴参量的设置无关，主要是由于采动应力峰值区的巷帮较浅部应力值升高程度较大，已经破坏了浅部围岩结构，因此，即使采用了围岩外锚-内卸协同控制技术，也应重点关注超前工作面 15 m 范围内的回采巷道实体煤帮围岩的稳定性，保证其超前支护强度。

5.7.2   深部强动压沿空掘巷围岩关键造穴参数的确定准则

由上文分析可知，造穴深度对围岩卸压效果的影响最大，造穴排距次之，结合内部造穴卸压机理与数值模拟的造穴参数卸压效应，阐明内部造穴空间关键技术参数的确定准则。

5.7.2.1   沿空掘巷围岩造穴卸压孔深度的确定准则

结合静、动压阶段深井沿空掘巷围岩内部造穴卸压原理可知，造穴空间在静压阶段对巷帮应力峰值区进行卸压，在动压阶段对巷帮应力高值区（巷帮应力峰值区靠近巷道侧）进行卸压，同时需充分考虑到造穴孔不影响浅部围岩的锚固支护。基于此，提出了深井沿空掘巷围岩造穴孔深度的确定准则，即 "一静一动一远离"。"一静" 是指首先在静压阶段将造穴空间布置于巷帮峰值应力区；"一动" 是指在静压阶段将峰值应力卸掉的造穴空间也可将动压阶段巷帮应力高值区的高应力卸掉；"一远离" 是在确定合理造穴深度范围的前提下，保证造穴空间引起的卸压破坏区不影响浅部围岩锚固区，同时留设足够宽度的缓冲区（一般不低于2 m）。

图 5.39 为邢东矿 11216 运输巷实体煤帮在静、动压阶段不同造穴深度围岩

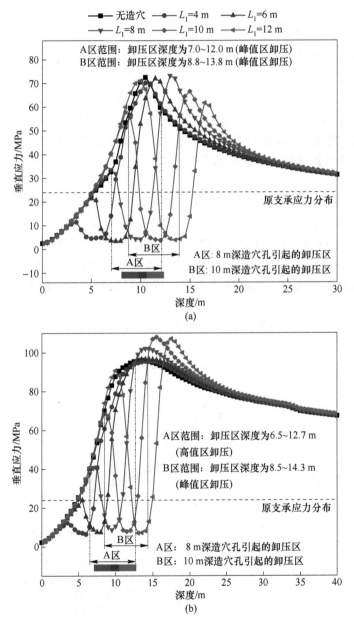

图 5.39　11216 运输巷静、动压阶段不同造穴深度围岩垂直压力的卸压曲线

（a）静压阶段；（b）动压阶段

垂直压力的卸压曲线，根据上述准则，造穴孔深度为 10 m 时，虽可在静压阶段形成较好的卸压区，但采动应力使得巷帮深度 6.5 ~ 8.5 m 范围内的应力升高。虽然此位置应力不是巷帮应力峰值区，但此位置的高值区应力也会加剧浅部围岩持续破坏，综合考虑，应选择造穴深度为 8 m 的方案。

5.7.2.2　沿空掘巷围岩造穴卸压孔排距的确定准则

如内部造穴卸压基本原理所述，大直径造穴空间沿巷道轴向相互贯通，形成一条与巷道平行的连续卸压带。造穴排距的设置应使各造穴孔之间形成连续的应力降低区，且造穴孔不影响浅部围岩应力分布。基于这个认识，分析造穴孔中间位置（即沿巷道轴向造穴相对卸压效果最差的位置）的卸压效果，由此确定造穴排距的确定准则："最差→有效→应力不变"准则，即合理造穴排距下造穴孔间也能形成有效卸压区，且此时的造穴孔不改变浅部围岩应力分布，保障锚固围岩的完整性。

图 5.40 为邢东矿 11216 运输巷实体煤帮在静、动压阶段不同造穴排距孔间围岩垂直压力的卸压曲线，由图可知，造穴排距为 3.2 m 时，满足上述准则，静、动压阶段孔间仍可形成良好的卸压区，且在两阶段浅部围岩应力场基本无变化。此外，当造穴排距更小时，密集的造穴孔破坏了浅部围岩结构，不利于围岩稳定。造穴排距更大时，孔间煤体不能形成良好的卸压区，甚至发生应力集中现象。

此外，造穴长度的设置主要考虑两个因素，其一是巷帮峰值应力（或高值应

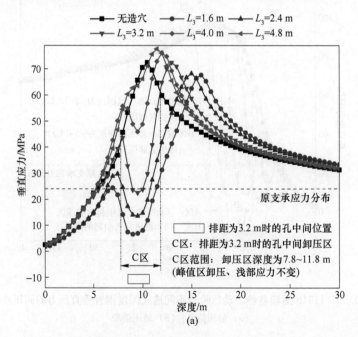

(a)

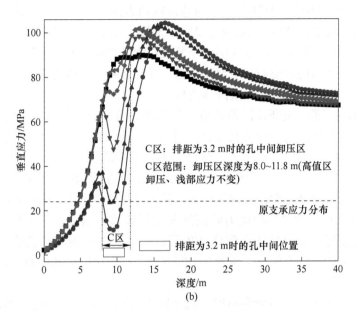

图 5.40 11216 运输巷静、动压阶段不同造穴排距孔间围岩垂直压力的卸压曲线
(a) 静压阶段；(b) 动压阶段

力）向深部转移的幅度，其二是施工要求，即造穴空间需求量，这与具体工程有关，邢东矿 11216 运输巷实体煤帮内部造穴孔合理长度应设置为 4 m。

5.8 深部沿空煤巷围岩卸压规律汇总

本章主要基于数值模拟方法探究了千米深井沿空掘巷内部造穴后的围岩卸压规律，阐明不同造穴参量不同阶段沿空巷道围岩卸压效果，分析、确定静压阶段沿空巷道围岩合理造穴参量，结合工作面前方采动应力场煤体的应力演化规律，进一步阐明造穴空间在动压应力场的卸压效果及其随造穴参量变化而产生的围岩应力演化规律，具体研究结论如下。

（1）结合千米深井沿空掘巷在静压阶段（回采巷道巷帮支承应力场与邻侧采空区侧向残余支承压力的叠加应力场）与动压阶段（超前采动应力场）围岩应力场分布的差异性，构建了双应力指标下内部造穴卸压效果的评价指标体系，主要包括围岩垂直应力（偏应力）的卸压区宽度、有效卸压区宽度、卸压区面积、应力峰值点内移距离、卸压参照系数、有效卸压参照系数、造穴长度卸压性价比与卸压效果等。

（2）阐明了 11216 工作面采动阶段前方应力演化规律，其垂直应力场表现为：1）工作面前方 10.2 m 处为支承应力峰值位置，该位置沿空巷道巷帮峰值点深度为 13.4 m，明显大于静压应力场巷帮峰值点深度，证明了二次增压时支承应力峰值区向深部转移的科学本质。2）采动影响阶段，巷帮浅部支承压力分布几乎无变化，但对峰值区的增压幅度及巷帮应力场影响深度产生很大影响。其偏应力场演化规律与前者类似，主要差异为：采动影响阶段巷道浅部偏应力分布产生波动，工作面前方峰值区出现降压现象。

（3）阐明了静、动压阶段不同造穴深度围岩垂直应力与偏应力的卸压规律，巷帮围岩由浅至深依次呈应力低值区（Ⅰ区）、造穴破碎区（Ⅱ区）、应力高值区（Ⅲ区）的分布规律。随着造穴深度增加，Ⅰ区逐渐分化为应力低值区（Ⅰ-1区）与应力升高区（Ⅰ-2区），造穴深度过小，造穴空间破坏了浅部围岩结构的完整性，造穴深度过大，无卸压效果，甚至恶化原应力峰值区应力环境。

（4）造穴长度主要影响应力峰值区向深部转移的幅度，造穴长度越大，有效卸压区宽度越大；合理造穴深度条件下，造穴长度不会影响浅部围岩应力环境，造穴长度的设置不仅应考虑造穴空间在静、动压阶段的卸压效果，还应充分考虑造穴空间需求量。

（5）阐明了静、动压阶段不同造穴排距围岩垂直应力与偏应力的卸压规律，在静压阶段，造穴排距较小时，沿巷道轴向可形成连续有效的卸压区，造穴排距越大，造穴孔群形成的连续卸压带发生分离，逐渐形成不连续的应力低值区。动压阶段的不同造穴排距围岩卸压规律与静压阶段相似，主要差异为：在工作面前方峰值应力范围内，合理造穴排距条件下造穴空间周围仍会出现应力集中，因此即使采用了内部造穴卸压技术改善了沿空掘巷围岩应力环境（包括静压阶段、动压阶段），也应开展相应的超前支护。

（6）分析、汇总了千米深井强动压沿空掘巷围岩两阶段的卸压规律，阐明了两阶段不同造穴参数条件下双空间（巷道-造穴孔）围岩垂直应力、偏应力的分布特征与演化规律，确定了邢东矿11216运输巷内部造穴参数为：造穴深度为8 m，造穴长度为4 m，造穴排距为3.2 m。

（7）基于千米深井强动压沿空掘巷围岩卸压规律的研究分析与内部造穴卸压原理，提出了深井沿空掘巷围岩造穴孔深度与排距的确定准则，前者为"一静一动一远离"准则，即静压阶段"峰值区"卸压，动压阶段"高值区"卸压，保留与浅部锚固区的缓冲空间；后者为"最差→有效→应力不变"准则，即相对最差卸压效果的造穴孔间也能形成有效卸压区，且不改变浅部围岩应力分布。基于两准则与数值模拟研究结果，确定深井沿空掘巷围岩内部造穴孔的合理深度与排距。

6 深部典型煤巷围岩外锚－内卸协同控制系统应用分析

基于本书提出的可抵御深部强采动煤巷围岩变形破坏的外锚－内卸协同控制技术及合理的内部卸压关键参数确定方法，本章结合新型可缩胀囊袋调压系统多参量监控原理方法，开展深部煤巷围岩外锚－内卸现场工业性试验，构建并形成了集煤巷围岩位移、支护结构受力、囊袋系统压力与囊袋系统流量等"多位一体"卸压控制效果监测原理方法，列举了煤巷围岩外锚－内卸协同控制技术在不同地质条件下的煤巷围岩卸压应用情况，验证了外锚－内卸协同控制技术对抵御深部强采动煤巷围岩大变形破坏的重要作用。

6.1 深部煤巷围岩稳定性控制原则与思路

针对常年持续大变形且即将经历工作面强采动影响的深部大断面煤巷，通过深入分析凝练出煤巷围岩大变形破坏机理及稳定性控制原理，总结形成了深部大断面煤巷围岩稳定控制原则，如图6.1所示。第一，要进行煤巷浅部围岩强化锚固，其目的是改善浅部围岩的力学强度、提升煤巷围岩的抗变形能力和综合承载能力；第二，由于强化锚固不能改变强采动影响下煤巷围岩大环境，因此提出煤巷围岩在外锚基础上采取内部卸压协同控制技术，煤帮内部大型卸压孔洞群可弱化原应力高度集中区域围岩结构，阻断两帮更深处煤体持续向煤巷空间运移，为煤体围岩持续变形提供较大的让压补偿空间。煤巷围岩外锚－内卸二者协同既改善了围岩整体应力环境，又保障了煤巷围岩的综合稳定。

基于深部强采动大断面煤巷围岩外锚－内卸协同控制原则，将煤巷围岩划分为3个区域，分别为外锚强化区、内卸补偿区及卸－锚缓冲区。

（1）外锚强化区：由煤巷顶帮浅部强化支护结构组成的外锚区域围岩。基于煤巷浅部围岩强化支护的外锚技术措施，使煤巷浅部形成强承载结构体围岩，有效抵御深部高应力强采动影响下煤巷围岩大变形。高强围岩承载结构体为煤巷提供了稳定基础，为煤巷两帮深部区域煤体采取内部卸压技术措施提供了可靠的围岩强度基础，浅部围岩外锚强化是煤巷稳定性的重要前提条件。

（2）内卸补偿区：由煤巷两帮深处煤体应力峰值区域内部造穴卸压空间及其周围弱化围岩共同组成的区域。基于煤巷两帮应力峰值区域开挖的内部卸压空

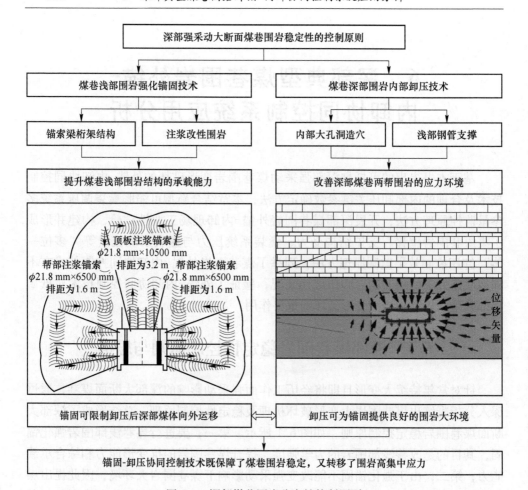

图 6.1　深部煤巷围岩稳定性控制原则

间，能有效阻断内部卸压孔更深处煤体持续向煤巷空间运移的进程。大型卸压孔洞群的布置可有效吸收应力峰值区域围岩的变形能，即可为煤巷两帮围岩的持续大变形提供较大的让压补偿空间，同时使原高度集中的应力峰值显著向更深处发生转移，促使煤巷围岩长期处于低应力的良好环境中，有利于保障煤巷围岩稳定。

（3）卸-锚缓冲区：由煤巷两帮浅部外锚强化区、深部内卸补偿区之间的围岩共同组成的区域。煤巷卸-锚缓冲区围岩使内部造穴卸压不破坏浅部锚固承载结构体围岩，减弱或抵御卸压弱化作用对煤巷浅部承载煤体的次生破坏，即核心作用是发挥对浅部外锚强化区及深部内卸补偿区围岩相互扰动的缓冲作用，阻断造穴卸压对煤巷锚固承载结构围岩的破坏过程。卸-锚缓冲区围岩的形成不会引起内部卸压对煤巷浅部锚固承载结构体围岩的破坏，有利于外锚及内卸技术发挥对煤巷围岩的稳定性协同控制。

6.2 外锚-内卸协同控制技术体系

6.2.1 外锚-内卸协同控制系统

图 6.2 所示为煤巷围岩外锚-内卸协同控制系统，该技术系统主要包括两个方面，即外锚与内卸。外锚是通过强力锚索配合槽钢或钢筋梁形成锚索桁架梁高效强预紧支护结构，煤体较软碎时，常与注浆改性强化相结合，形成巷道浅部围岩锚固强化承载体（见图 6.2 中 A 区域），为开展内部造穴卸压创造良好的围岩环境。

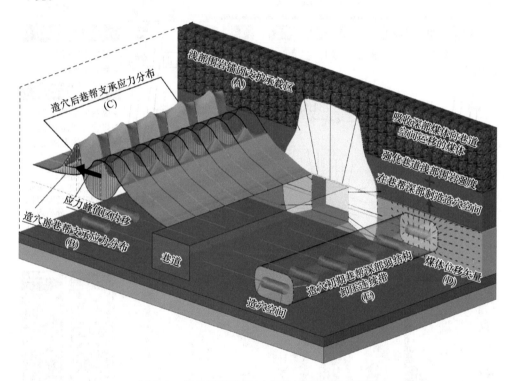

图 6.2 煤巷围岩外锚-内卸协同控制技术原理

内卸主要包括 2 层含义：（1）巷道深部卸压空间使得巷帮形成的支承应力峰值区向深部大幅度转移（见图 6.2 中 B、C 区域），降低高集中应力对浅部煤岩体的持续损伤，改善其应力环境；（2）连续的大直径卸压孔洞为深部煤体向巷道空间转移提供较大补偿空间，有效阻断巷道围岩大变形的介质来源（见图 6.2 中 D 区域）。

需要指出的是，内部造穴卸压时不应破坏浅部锚固区围岩结构完整性，可采用固管方式对浅部普通钻孔区有效支撑，保证浅部普通钻孔区煤岩体强度不被造穴工作软化。

基于煤巷围岩外锚-内卸协同控制的现场工程试验，为综合评估煤巷围岩卸压控制效果，通过在煤巷设置多点位多参量矿压观测站的方法分析协同技术对抵御煤巷围岩大变形的控制效果，由此构建集囊袋系统压力、囊袋系统流量、围岩移近量、支护结构受力于一体的"多位一体"矿压综合监测技术。以东庞矿12采区集中供液泵站硐室为例详细说明"多位一体"矿压观测站布置及监测设备，如图6.3所示。

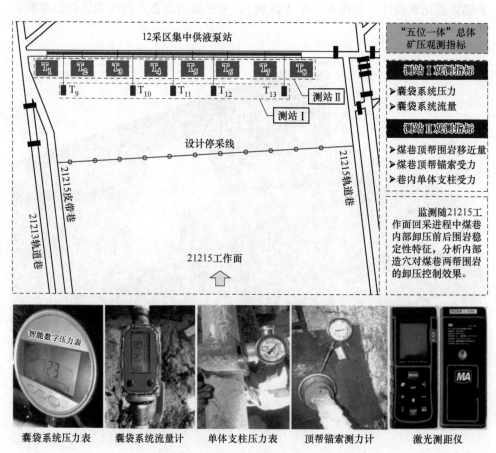

图6.3　深部典型煤巷围岩"多位一体"矿压测站布置及其观测方法

6.2.2　内卸配套设备

煤巷两帮煤体内部造穴卸压技术指利用水力造穴设备配套的钻头对煤巷两帮浅部围岩开挖一小直径钻孔，通过连接钻杆的方式将钻孔延伸至一定深度时开启水力射流对两帮深部煤体进行造穴卸压形成大孔洞内部卸压空间。内部造穴卸压设备主要由振动筛式固液分离机、履带式液压钻机、高压密封三棱钻杆、清水泵站及高低压转换器等组成，上述设备可适应多种复杂地质条件的煤矿巷道，各设备之间相互连接关系如图6.4所示。

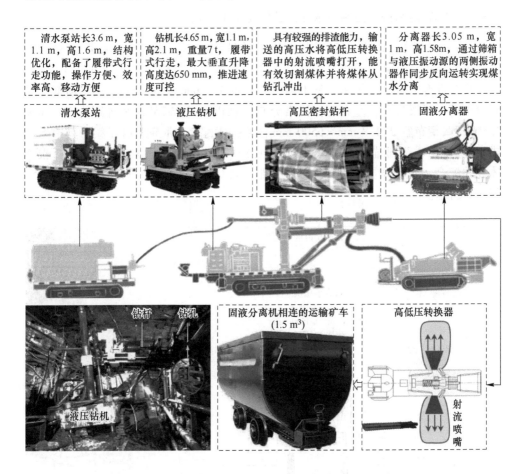

图6.4　内部造穴卸压配套设备连接及现场施工图

内部卸压射流装置的公称压力为20 MPa，公称流量为200 L/min。采取内部造穴卸压时，清水泵站输送的高压水流将高低压转换器中的射流喷嘴打开，利用高水流压力形成径向水射流，能有效切割煤体并将破碎煤体从钻孔中冲出至固液分离器中。分离后的固态破碎煤体传输至与其相连接的运输矿车中，矿车的体积约为1.5 m³，由此可判断内部造穴卸压出煤量，进而综合确定煤巷两帮煤体内部卸压空间大小。当出煤量达到设计标准时，停止出煤，转移至下一卸压空间位置持续造穴出煤。

6.3　深部典型煤巷围岩外锚-内卸协同控制系统现场应用案例

6.3.1　外锚-内卸协同控制技术在泵站硐室中的应用

（1）外锚技术。针对试验煤巷围岩持续大变形不得不定期扩刷整修的现象，东庞矿现场采取了顶板及两帮高强高预紧力长锚索配套双股钢筋梯子梁-高压注浆改性等联合控制技术。其中顶板采用 $\phi21.8$ mm×10500 mm 注浆锚索配套双股钢筋梯子梁支护，左右两根锚索分布与顶板夹角成75°，间排距为2.4 m×3.2 m；两帮布置 $\phi21.8$ mm×6500 mm 注浆锚索配套双股钢筋梯子梁，其中上排锚索上仰15°，下排锚索下俯5°，间排距为1.2 m×1.6 m。煤巷每排布置2根单体柱并配合 π 型钢梁支护，单体柱分别距两帮0.2 m，排距为1.0 m，如图6.5、图6.6所示。

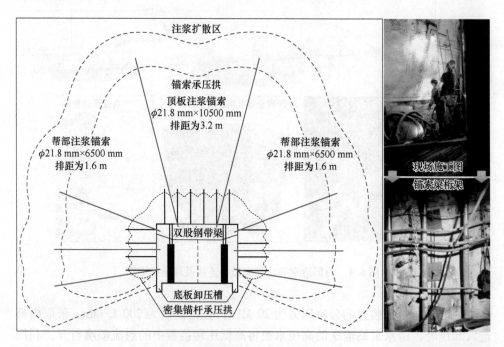

图 6.5　煤巷浅部围岩外锚技术与参数

（2）内卸技术。煤巷两帮卸压钻孔位于帮部距离底板1.3 m，并垂直于巷帮布置，外部小孔直径约为133 mm。考虑到锚索长度为6.5 m且内部造穴对围岩结构的弱化作用，为了不破坏浅部锚索锚固区围岩，现场施工时需使最终形成的

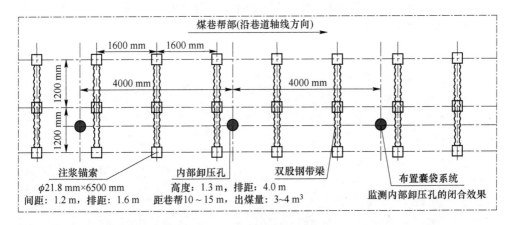

图6.6 煤巷帮部"锚索梁桁架"与卸压孔布置侧视图

内部造穴孔外端距巷帮约 10 m，内部大直径造穴孔深 5.0 m，每孔出煤量 3 ~ 4 m³，两帮卸压孔排距为 4.0 m；受限于设备，深部造穴孔洞直径约 1 m，煤巷两帮围岩卸压钻孔布置如图 6.7 所示。为了防止造穴冲孔对煤巷两帮浅部锚固体内煤体的破坏，首先对浅部 10 m 范围内小直径钻孔置入直径为 127 mm 的地质钢管并在管壁外侧注浆固结，保障了浅部围岩结构不被外侧小直径钻孔弱化，待造穴完成后及时封孔。

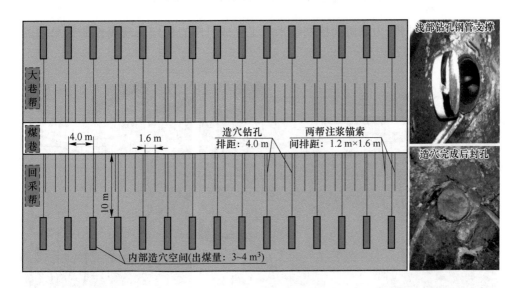

图6.7 煤巷两帮内部卸压孔布置图

综上所述，基于煤巷浅部围岩"注浆锚索梁桁架"外锚与深部煤体大型孔洞内卸协同技术参数，其形成的深部大断面煤巷围岩外锚-内卸协同控制技术参数三维效果如图6.8所示。

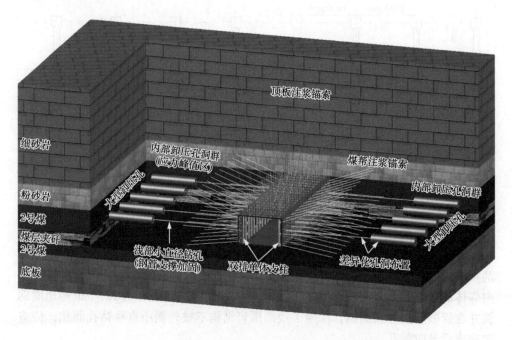

图 6.8　煤巷围岩外锚-内卸协同控制技术方案图

试验煤巷外锚-内卸协同控制技术施工完成且围岩稳定后现场控制效果如图6.9所示。

图 6.9　煤巷现场控制效果图

可见，煤巷采取外锚-内卸协同控制技术后，两帮深部无支护的卸压孔洞群充分发挥了良好的围岩卸压作用，阻断了两帮深部区域煤体持续向煤巷空间的运移路径，对控制煤巷两帮围岩大变形具有显著的位移缓冲与让压补偿作用，促使大断面煤巷围岩长期保持稳定，保障了煤巷继续为 12 采区各待回采工作面服务。

6.3.2 外锚-内卸协同控制技术在沿空掘巷中的应用

邢东矿 11216 运输巷试验段围岩外锚-内卸协同控制技术参数如图 6.10 所示。

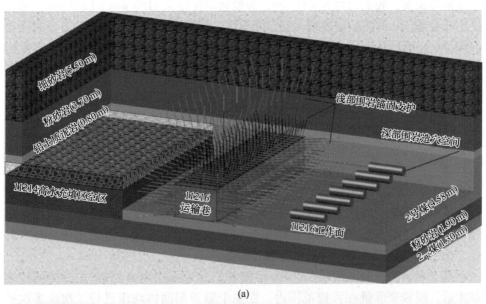

(a)

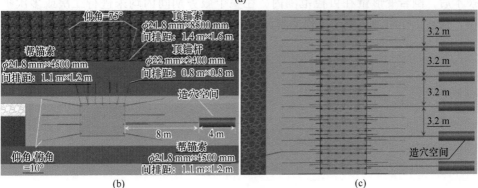

(b)　　　　　　　　　　　(c)

图 6.10　11216 运输巷围岩支护示意图

（a）三维视图；（b）主视图；（c）俯视图

（1）外锚技术。巷道顶板每排布置 7 根 φ22 mm × 2400 mm 的螺纹钢高强锚杆，顶锚杆间排距为 800 mm × 800 mm，靠帮的两根锚杆与巷帮表面距离为 100 mm，其与竖直线夹角为 15°，每孔使用 2 卷 Z2360 的树脂锚固剂。巷道顶板每排布置 3 根 φ21.8 mm × 8500 mm 的 19 股钢绞线锚索，顶锚索间排距为 1600 mm × 1600 mm，左右两侧锚索距离巷帮表面 900 mm，且与竖直线夹角为 15°，每根顶锚索使用 3 卷 Z2360 树脂锚固剂，同时使用 14 号槽钢将三根顶锚索沿煤层倾向连接起来形成"类桁架"结构。

11216 运输巷试验段，两帮分别打设 4 根 φ21.8 mm × 4500 mm 的 19 股钢绞线锚索，最上排锚索仰角为 10°，最下排锚索俯角为 10°，且最上排锚索、最下排锚索与顶板、底板距离为 100 mm，帮锚索间排距为 1100 mm × 1200 mm，每孔使用三卷 Z2360 的树脂锚固剂，巷帮四根锚索使用 H 形双钢筋梁配套方形大托盘（400 mm × 400 mm）及小托盘（200 mm × 200 mm）连接，从而形成类锚索梁桁架结构，抵御巷帮深部煤体向外臌出。需要说明的是，在实际施工时，根据断面尺寸的差异与煤层倾角的变化局部调整施工参数。

（2）内卸技术。造穴深度为 8 m，造穴长度为 4 m，造穴排距为 3.2 m，造穴孔开口位置距离巷道底板约为 1.5 m。邢东矿 11216 运输巷实体煤帮造穴空间主要采用高压水力造穴设备施工制造，首先在预定位置布置孔径为 133 mm 的普通钻孔，长度为 8 m，为防止造穴冲孔对巷帮浅部煤体的破坏，在深度为 8 m、直径 133 mm 的钻孔内插入直径为 127 mm 的地质钢管，并在管壁外侧注固化液，其后采用射流器的高压水射流在预设位置（深度为 8 ~ 12 m）反复切割煤体出煤，单孔出煤量不低于 3 m³，出煤量达到要求后停止出煤，造穴完成后及时封孔，而后转移至下一造穴位置进行造穴出煤。

基于现场围岩监测结果，11216 运输巷试验段采用围岩外锚-内卸协同控制技术后，围岩变形量在可控范围内，在整个服务期间内均未进行二次或多次扩刷，锚索工作阻力达到了工作要求，且未发生断裂、脱锚等锚固失效现象。

参 考 文 献

[1] 刘峰，曹文君，张建明，等. 我国煤炭工业科技创新进展及"十四五"发展方向［J］. 煤炭学报，2021，46（1）：1-15.

[2] 谢和平，任世华，谢亚辰，等. 碳中和目标下煤炭行业发展机遇［J］. 煤炭学报，2021，46（7）：2197-2211.

[3] 袁亮. 我国煤炭主体能源安全高质量发展的理论技术思考［J］. 中国科学院院刊，2023，38（1）：11-22.

[4] 王国法，刘合，王丹丹，等. 新形势下我国能源高质量发展与能源安全［J］. 中国科学院院刊，2023，38（1）：23-37.

[5] 谢和平，高峰，鞠杨. 深部岩体力学研究与探索［J］. 岩石力学与工程学报，2015，34（11）：2161-2178.

[6] 何满潮. 深部的概念体系及工程评价指标［J］. 岩石力学与工程学报，2005（16）：2854-2858.

[7] 张建民，李全生，张勇，等. 煤炭深部开采界定及采动响应分析［J］. 煤炭学报，2019，44（5）：1314-1325.

[8] 赵善坤，齐庆新，李云鹏，等. 煤矿深部开采冲击地压应力控制技术理论与实践［J］. 煤炭学报，2020，45（S2）：626-636.

[9] 康红普，司林坡，张晓. 浅部煤矿井下地应力分布特征研究及应用［J］. 煤炭学报，2016，41（6）：1332-1340.

[10] 高明忠，王明耀，谢晶，等. 深部煤岩原位扰动力学行为研究［J］. 煤炭学报，2020，45（8）：2691-2703.

[11] 雷顺，康红普，高富强，等. 新元煤矿破碎煤体单轴抗压强度快速测定方法研究及应用［J］. 煤炭学报，2019，44（11）：3412-3422.

[12] ZHANG Junfei, JIANG Fuxing, YANG Jianbo, et al. Rockburst mechanism in soft coal seam within deep coal mines［J］. International Journal of Mining Science and Technology, 2017, 27（3）：551-556.

[13] WANG Qi, PAN Rui, JIANG Bei, et al. Study on failure mechanism of roadway with soft rock in deep coal mine and confined concrete support system［J］. Engineering Failure Analysis, 2017, 81：155-177.

[14] 支光辉，刘少伟，贺德印，等. 松软破碎煤体钻封注一体化锚固实验研究［J］. 煤炭学报，2020：48（11）：1-16.

[15] WANG Qi, GAO Hongke, JIANG Bei, et al. Research on an evaluation method for the strength of broken coal mass reinforced by cement slurry based on digital drilling test technology［J］. Bulletin of Engineering Geology and the Environment, 2019, 78（6）：4599-4609.

[16] 卢兴利，刘泉声，苏培芳. 考虑扩容碎胀特性的岩石本构模型研究与验证［J］. 岩石力学与工程学报，2013，32（9）：1886-1893.

[17] 孟庆彬，韩立军，乔卫国，等. 深部高应力软岩巷道围岩流变数值模拟研究［J］. 采矿与安全工程学报，2012，29（6）：762-769.

[18] 万志军，周楚良，罗兵全，等．软岩巷道围岩非线性流变数学力学模型［J］．中国矿业大学学报，2004（4）：106-110.

[19] 赵同彬，张玉宝，谭云亮，等．考虑损伤效应深部锚固巷道蠕变破坏模拟分析［J］．采矿与安全工程学报，2014，31（5）：709-715.

[20] 黄万朋，李超，邢文彬，等．蠕变状态下千米深巷道长期非对称大变形机制与控制技术［J］．采矿与安全工程学报，2018，35（3）：481-488，495.

[21] 陈冬冬，郭方方，武毅艺，等．长边采空与弹-塑性软化基础边界基本顶薄板初次破断研究［J］．煤炭学报，2022，47（4）：1473-1489.

[22] 陈冬冬，武毅艺，谢生荣，等．弹-塑性基础边界一侧采空基本顶板结构初次破断研究［J］．煤炭学报，2021，46（10）：3090-3105.

[23] 陈冬冬，何富连，谢生荣，等．弹性基础边界基本顶板结构周期破断与全区域反弹时空关系［J］．岩石力学与工程学报，2019，38（6）：1172-1187.

[24] 陈冬冬，谢生荣，何富连，等．长边两侧采空（煤柱）弹性基础边界基本顶薄板初次破断［J］．煤炭学报，2018，43（12）：3273-3285.

[25] 陈冬冬．采场基本顶板结构破断及扰动规律研究与应用［D］．北京：中国矿业大学（北京），2018.

[26] 陈冬冬，何富连，谢生荣，等．一侧采空（煤柱）弹性基础边界基本顶薄板初次破断［J］．煤炭学报，2017，42（10）：2528-2536.

[27] 王恩，陈冬冬，谢生荣，等．双通道沿空留巷围岩偏应力分布及控制技术研究［J］．采矿与安全工程学报，2022，39（3）：557-566.

[28] 谢生荣，李世俊，黄肖，等．深部沿空巷道围岩主应力差演化规律与控制［J］．煤炭学报，2015，40（10）：2355-2360.

[29] 王卫军，郭罡业，朱永建，等．高应力软岩巷道围岩塑性区恶性扩展过程及其控制［J］．煤炭学报，2015，40（12）：2747-2754.

[30] JIA Housheng, PAN Kun, LIU Shaowei, et al. Evaluation of the mechanical instability of mining roadway overburden: research and applications ［J］. Energies, 2019, 12 (22): 4265.

[31] 贾后省，张文彪，刘少伟，等．不稳定厚煤层回采巷道极软顶板破坏规律及分级控制［J］．岩石力学与工程学报，2022，41（S2）：3306-3316.

[32] YANG Xiaojie, WANG Eryu, WANG Yajun, et al. A study of the large deformation mechanism and control techniques for deep soft rock roadways ［J］. Sustainability, 2018, 10 (4): 1100.

[33] 惠功领，牛双建，靖洪文，等．动压沿空巷道围岩变形演化规律的物理模拟［J］．采矿与安全工程学报，2010，27（1）：77-81，86.

[34] YAN Hong, ZHANG Jixiong, FENG Ruimin, et al. Surrounding rock failure analysis of retreating roadways and the control technique for extra-thick coal seams under fully-mechanized top caving and intensive mining conditions: A case study ［J］. Tunnelling and Underground Space Technology, 2020, 97: 103241.

[35] GUO Peng, FAN Junqi, SHI Xiaoyan, et al. Physical simulation experiment on the failure evolution process and failure mode of soft surrounding rock in a deep roadway ［J］. Journal of Testing and Evaluation, 2022, 50 (5): 2652-2675.

［36］靖洪文，吴疆宇，孟波，等. 深部矩形底煤巷围岩破坏失稳全过程宏细观演化特征研究
　　　［J］. 采矿与安全工程学报，2022，39（1）：82-93.

［37］陈登红，华心祝，段亚伟，等. 深部大变形回采巷道围岩拉压分区变形破坏的模拟研究
　　　［J］. 岩土力学，2016，37（9）：2654-2662.

［38］孔令海. 增量荷载作用下深部煤巷冲击破坏规律模拟试验研究［J］. 煤炭学报，2021，
　　　46（6）：1847-1854.

［39］王琦，江贝，辛忠欣，等. 无煤柱自成巷三维地质力学模型试验系统研制与工程应用
　　　［J］. 岩石力学与工程学报，2020，39（8）：1582-1594.

［40］王炯，张正俊，朱天赐，等. 恒阻大变形锚索支护巷道变形机制模型试验研究［J］. 岩
　　　石力学与工程学报，2020，39（5）：927-937.

［41］谭云亮，范德源，刘学生，等. 煤矿深部超大断面硐室群围岩连锁失稳控制研究进展
　　　［J］. 煤炭学报，2022，47（1）：180-199.

［42］谭云亮，郭伟耀，赵同彬，等. 深部煤巷帮部失稳诱冲机理及"卸-固"协同控制研究
　　　［J］. 煤炭学报，2020，45（1）：66-81.

［43］刘学生，宋世琳，范德源，等. 深部超大断面硐室群围岩变形破裂演化规律试验研究
　　　［J］. 采矿与安全工程学报，2020，37（1）：40-49.

［44］LIU Xuesheng，FAN Deyuan，TAN Yunliang，et al. New detecting method on the connecting
　　　fractured zone above the coal face and a case study［J］. Rock Mechanics and Rock
　　　Engineering，2021，54（8）：4379-4391.

［45］ZHAO Guangming，LIU Chongyan，KAO Siming，et al. Stress and load-bearing structure
　　　analysis of the surrounding rock in a soft broken roadway［J］. Arabian Journal of Geosciences，
　　　2020，13（21）：1134.

［46］PANG Dongdong，NIU Xingang，HE Kai，et al. Study on the deformation mechanism of the
　　　bottom plate along the empty lane of deep mining and the control technology of the bottom drum
　　　［J］. Geofluids，2022：3429063.

［47］陈昊祥，王明洋，燕发源，等. 深部巷道围岩塑性区演化的理论模型与实测对比研究
　　　［J］. 岩土工程学报，2022，44（10）：1855-1863.

［48］左建平，洪紫杰，于美鲁，等. 破碎围岩梯度支护模型及分级控制研究［J］. 中国矿业
　　　大学学报，2022，51（2）：221-231.

［49］王卫军，韩森，董恩远. 考虑支护作用的巷道围岩塑性区边界方程及应用［J］. 采矿与
　　　安全工程学报，2021，38（4）：749-755.

［50］黄炳香，张农，靖洪文，等. 深井采动巷道围岩流变和结构失稳大变形理论［J］. 煤炭
　　　学报，2020，45（3）：911-926.

［51］姜鹏飞. 千米深井巷道围岩支护-改性-卸压协同控制原理及技术［D］. 北京：煤炭科
　　　学研究总院，2020.

［52］姜鹏飞，代生福，刘锦荣，等. 深部特厚煤层强采动巷道围岩综合应力场演化及支护对
　　　策［J］. 煤矿开采，2015，20（6）：60-66.

［53］KANG Hongpu，JIANG Pengfei，WU Yongzheng，et al. A combined "ground support-rock
　　　modification-destressing" strategy for 1000-m deep roadways in extreme squeezing ground

condition [J]. International Journal of Rock Mechanics and Mining Sciences, 2021, 142: 104746.

[54] 冯国瑞, 白锦文, 史旭东, 等. 遗留煤柱群链式失稳的关键柱理论及其应用展望 [J]. 煤炭学报, 2021, 46 (1): 164-179.

[55] 冯国瑞, 毋皓田, 白锦文, 等. 上行采动影响下遗留群柱动态稳定性研究 [J]. 采矿与安全工程学报, 2022, 39 (2): 292-304, 316.

[56] 白锦文, 史旭东, 冯国瑞, 等. 遗留煤柱群链式失稳评价新方法及其在上行开采中的应用 [J]. 采矿与安全工程学报, 2022, 39 (4): 643-652, 662.

[57] FENG Guorui, WANG Shengwei, GUO Yuxia, et al. Optimum position of roadway in the middle residual coal seam between the upper and lower longwall gobs [J]. Energy Sources Part A-Recovery Utilization and Environmental Effects, 2021: 1-18.

[58] 张百胜, 王朋飞, 崔守清, 等. 大采高小煤柱沿空掘巷切顶卸压围岩控制技术 [J]. 煤炭学报, 2021, 46 (7): 2254-2267.

[59] 张百胜, 杨双锁, 康立勋, 等. 极近距离煤层回采巷道合理位置确定方法探讨 [J]. 岩石力学与工程学报, 2008 (1): 97-101.

[60] 朱涛, 张百胜, 冯国瑞, 等. 极近距离煤层下层煤采场顶板结构与控制 [J]. 煤炭学报, 2010, 35 (2): 190-193.

[61] 于永军, 梁卫国, 张百胜, 等. 近水平煤层矩形巷道锚固参数确定及数值实验 [J]. 辽宁工程技术大学学报 (自然科学版), 2014, 33 (7): 917-922.

[62] 白锦文, 宋诚, 王红伟, 等. 遗留群柱中关键柱判别方法与软件 [J]. 煤炭学报, 2022, 47 (2): 651-661.

[63] 马念杰, 赵希栋, 赵志强, 等. 深部采动巷道顶板稳定性分析与控制 [J]. 煤炭学报, 2015, 40 (10): 2287-2295.

[64] 赵志强, 马念杰, 刘洪涛, 等. 巷道蝶形破坏理论及其应用前景 [J]. 中国矿业大学学报, 2018, 47 (5): 969-978.

[65] 吴祥业, 刘洪涛, 李建伟, 等. 重复采动巷道塑性区时空演化规律及稳定控制 [J]. 煤炭学报, 2020, 45 (10): 3389-3400.

[66] 马骥, 赵志强, 师皓宇, 等. 基于蝶形破坏理论的地震能量来源 [J]. 煤炭学报, 2019, 44 (6): 1654-1665.

[67] 王卫军, 袁越, 余伟健, 等. 采动影响下底板暗斜井的破坏机理及其控制 [J]. 煤炭学报, 2014, 39 (8): 1463-1472.

[68] WU Yongping, LIU Mingyin, XIE Panshi, et al. Three-dimensional physical similarity simulation experiments for atransparent shaft coal pocket wall in coal mines [J]. ACS Omega, 2022, 7 (19): 16442-16453.

[69] 伍永平, 刘孔智, 贠东风, 等. 大倾角煤层安全高效开采技术研究进展 [J]. 煤炭学报, 2014, 39 (8): 1611-1618.

[70] 伍永平, 解盘石, 任世广. 大倾角煤层开采围岩空间非对称结构特征分析 [J]. 煤炭学报, 2010, 35 (2): 182-184.

[71] 张艳丽, 解盘石, 伍永平. 急倾斜煤层重复采动回采巷道变形破坏机理与支护技术研究

[J]. 煤炭工程, 2020, 52 (2): 91-95.

[72] XIE Panshi, ZHANG Yingyi, LUO Shenghu, et al. Instability mechanism of a multi-layer gangue roof and determination of support resistance under inclination and gravity [J]. Mining Metallurgy & Exploration, 2020, 37 (5): 1487-1498.

[73] 黄庆享, 郝高全. 回采巷道底板破坏范围及其影响研究 [J]. 西安科技大学学报, 2018, 38 (1): 51-58.

[74] 康红普, 王金华, 林健. 高预应力强力支护系统及其在深部巷道中的应用 [J]. 煤炭学报, 2007 (12): 1233-1238.

[75] 何满潮, 郭志彪. 恒阻大变形锚杆力学特性及其工程应用 [J]. 岩石力学与工程学报, 2014, 33 (7): 1297-1308.

[76] TAO Zhigang, ZHAO Fei, WANG Hongjian, et al. Innovative constant resistance large deformation bolt for rock support in high stressed rock mass [J]. Arabian Journal of Geosciences, 2017, 10 (15): 341.

[77] 何满潮, 王炯, 孙晓明, 等. 负泊松比效应锚索的力学特性及其在冲击地压防治中的应用研究 [J]. 煤炭学报, 2014, 39 (2): 214-221.

[78] TAO Zhigang, XU Haotian, REN Shulin, et al. Negative poisson's ratio and peripheral strain of an NPR anchor cable [J]. Journal of Mountain Science, 2022, 19 (8): 2435-2448.

[79] 刘洪涛, 王飞, 王广辉, 等. 大变形巷道顶板可接长锚杆支护系统性能研究 [J]. 煤炭学报, 2014, 39 (4): 600-607.

[80] 高明仕, 杨青松, 赵一超, 等. 高应力大变形巷道让压锚索支护技术及装置研制 [J]. 采矿与安全工程学报, 2016, 33 (1): 7-11.

[81] YAN Hong, HE Fulian, LI Linyue, et al. Control mechanism of a cable truss system for stability of roadways within thick coal seams [J]. Journal of Central South University, 2017, 24 (5): 1098-1110.

[82] XIE Shengrong, LI Erpeng, LI Shijun, et al. Surrounding rock control mechanism of deep coal roadways and its application [J]. International Journal of Mining Science and Technology, 2015, 25 (3): 429-434.

[83] 李术才, 王琦, 李为腾, 等. 深部厚顶煤巷道让压型锚索箱梁支护系统现场试验对比研究 [J]. 岩石力学与工程学报, 2012, 31 (4): 656-666.

[84] 李桂臣, 孙辉, 张农, 等. 基于锚索剪应力分布规律的新型高强锚束应用研究 [J]. 煤炭学报, 2015, 40 (5): 1008-1014.

[85] 池小楼, 杨科. 大倾角煤层旋采巷道围岩破坏机理与支护技术 [J]. 地下空间与工程学报, 2019, 15 (5): 1504-1510.

[86] 刘珂铭, 高延法, 张凤银. 大断面极软岩巷道钢管混凝土支架复合支护技术 [J]. 采矿与安全工程学报, 2017, 34 (2): 243-250.

[87] 杨乐, 尤春安, 赵耀辉, 等. 巷道格栅可缩性支架的力学分析 [J]. 煤炭学报, 2015, 40 (10): 2484-2489.

[88] 黄艳利, 张吉雄, 张强, 等. 综合机械化固体充填采煤原位沿空留巷技术 [J]. 煤炭学报, 2011, 36 (10): 1624-1628.

［89］ XIE Shengrong, WANG En, CHEN Dongdong, et al. Failure analysis and control mechanism of gob-side entry retention with a 1.7-m flexible-formwork concrete wall: A case study ［J］. Engineering Failure Analysis, 2020, 117: 104816.

［90］ 文志杰, 卢建宇, 肖庆华, 等. 软岩回采巷道底臌破坏机制与支护技术 ［J］. 煤炭学报, 2019, 44 (7): 1991-1999.

［91］ 钱七虎, 李树忱. 深部岩体工程围岩分区破裂化现象研究综述 ［J］. 岩石力学与工程学报, 2008 (6): 1278-1284.

［92］ 侯朝炯, 勾攀峰. 巷道锚杆支护围岩强度强化机理研究 ［J］. 岩石力学与工程学报, 2000, 19 (3): 342-345.

［93］ GUO Gangye, KANG Hongpu, QIAN Deyu, et al. Mechanism for controlling floor heave of mining roadways using reinforcing roof and sidewalls in underground coal mine ［J］. Sustainability, 2018, 10 (5): 1-15.

［94］ LI Yangyang, GUO Rongwei, ZHANG Shichuan, et al. Experimental study on pressure relief mechanism of variable-diameter borehole and energy evolution characteristics of the surrounding sock ［J］. Energies, 2022, 15 (18): 6596.

［95］ 王其洲, 谢文兵, 荆升国, 等. 动压影响U型钢支架-锚索协同支护机理及其承载规律 ［J］. 煤炭学报, 2015, 40 (2): 301-307.

［96］ 谢广祥, 常聚才. 深井巷道控制围岩最小变形时空耦合一体化支护 ［J］. 中国矿业大学学报, 2013, 42 (2): 183-187.

［97］ LI Shaobo, WANG Lei, ZHU Chuanqi, et al. Research on mechanism and control technology of rib spalling in soft coal seam of deep coal mine ［J］. Advances in Materials Science and Engineering, 2021: 2833210.

［98］ 刘泉声, 邓鹏海, 毕晨, 等. 深部巷道软弱围岩破裂碎胀过程及锚喷-注浆加固FDEM数值模拟 ［J］. 岩土力学, 2019, 40 (10): 4065-4083.

［99］ 袁永, 屠世浩, 王瑛, 等. 大采高综采技术的关键问题与对策探讨 ［J］. 煤炭科学技术, 2010, 38 (1): 4-8.

［100］ 华心祝, 李琛, 刘啸, 等. 再论我国沿空留巷技术发展现状及改进建议 ［J］. 煤炭科学技术, 2023, 51 (1): 129-146.

［101］ 康红普, 姜鹏飞, 杨建威, 等. 煤矿千米深井巷道松软煤体高压锚注-喷浆协同控制技术 ［J］. 煤炭学报, 2021, 46 (3): 747-762.

［102］ 康红普, 姜鹏飞, 黄炳香, 等. 煤矿千米深井巷道围岩支护-改性-卸压协同控制技术 ［J］. 煤炭学报, 2020, 45 (3): 845-864.

［103］ 康红普, 王国法, 姜鹏飞, 等. 煤矿千米深井围岩控制及智能开采技术构想 ［J］. 煤炭学报, 2018, 43 (7): 1789-1800.

［104］ 康红普. 我国煤矿巷道围岩控制技术发展70年及展望 ［J］. 岩石力学与工程学报, 2021, 40 (1): 1-30.

［105］ 吴拥政, 付玉凯, 何杰, 等. 深部冲击地压巷道"卸压-支护-防护"协同防控原理与技术 ［J］. 煤炭学报, 2021, 46 (1): 132-144.

［106］ KANG Hongpu, WU Le, GAO Fuqiang, et al. Field study on the load transfer mechanics associated with longwall coal retreat mining [J]. International Journal of Rock Mechanics and Mining Sciences, 2019, 124: 104141.

[107] 袁亮, 薛俊华, 刘泉声, 等. 煤矿深部岩巷围岩控制理论与支护技术 [J]. 煤炭学报, 2011, 36 (4): 535-543.

[108] 刘泉声, 肖虎, 卢兴利, 等. 高地应力破碎软岩巷道底臌特性及综合控制对策研究 [J]. 岩土力学, 2012, 33 (6): 1703-1710.

[109] 康永水, 耿志, 刘泉声, 等. 我国软岩大变形灾害控制技术与方法研究进展 [J]. 岩土力学, 2022, 43 (8): 2035-2059.

[110] LIU Quansheng, HUANG Xing, GONG Qiuming, et al. Application and development of hard rock TBM and its prospect in China [J]. Tunnelling and Underground Space Technology, 2016, 57: 33-46.

[111] 侯朝炯, 王襄禹, 柏建彪, 等. 深部巷道围岩稳定性控制的基本理论与技术研究 [J]. 中国矿业大学学报, 2021, 50 (1): 1-12.

[112] 侯朝炯. 深部巷道围岩控制的关键技术研究 [J]. 中国矿业大学学报, 2017, 46 (5): 970-978.

[113] 侯朝炯. 深部巷道围岩控制的有效途径 [J]. 中国矿业大学学报, 2017, 46 (3): 467-473.

[114] 柏建彪, 王襄禹, 贾明魁, 等. 深部软岩巷道支护原理及应用 [J]. 岩土工程学报, 2008 (5): 632-635.

[115] 柏建彪, 侯朝炯. 深部巷道围岩控制原理与应用研究 [J]. 中国矿业大学学报, 2006 (2): 145-148.

[116] ZHANG Zizheng, DENG Min, BAI Jianbiao, et al. Stability control of gob-side entry retained under the gob with close distance coal seams [J]. International Journal of Mining Science and Technology, 2021, 31 (2): 321-332.

[117] 王襄禹, 柏建彪, 李伟. 高应力软岩巷道全断面松动卸压技术研究 [J]. 采矿与安全工程学报, 2008 (1): 37-40, 45.

[118] 张农, 韩昌良, 谢正正. 煤巷连续梁控顶理论与高效支护技术 [J]. 采矿与岩层控制工程学报, 2019, 1 (2): 48-55.

[119] 张农, 韩昌良, 阚甲广, 等. 沿空留巷围岩控制理论与实践 [J]. 煤炭学报, 2014, 39 (8): 1635-1641.

[120] 韩昌良, 张农, 阚甲广, 等. 沿空留巷 "卸压-锚固" 双重主动控制机理与应用 [J]. 煤炭学报, 2017, 42 (S2): 323-330.

[121] 韩昌良, 张农, 李桂臣, 等. 大采高沿空留巷巷旁复合承载结构的稳定性分析 [J]. 岩土工程学报, 2014, 36 (5): 969-976.

[122] ZHU Cheng, YUAN Yong, WANG Wenmiao, et al. Research on the "three shells" cooperative support technology of large-section chambers in deep mines [J]. International Journal of Mining Science and Technology, 2021, 31 (4): 665-680.

[123] 赵一鸣, 张农, 郑西贵, 等. 千米深井厚硬顶板直覆沿空留巷围岩结构优化 [J]. 采矿与安全工程学报, 2015, 32 (5): 714-720.

[124] 阚甲广，武精科，张农，等．二次沿空留巷围岩结构稳定性与控制技术［J］．采矿与安全工程学报，2018，35（5）：877-884.

[125] 李术才，王汉鹏，钱七虎，等．深部巷道围岩分区破裂化现象现场监测研究［J］．岩石力学与工程学报，2008（8）：1545-1553.

[126] 李为腾，李术才，玄超，等．高应力软岩巷道支护失效机制及控制研究［J］．岩石力学与工程学报，2015，34（9）：1836-1848.

[127] 王卫军，冯涛．加固两帮控制深井巷道底鼓的机理研究［J］．岩石力学与工程学报，2005（5）：808-811.

[128] 王卫军，冯涛，侯朝炯，等．沿空掘巷实体煤帮应力分布与围岩损伤关系分析［J］．岩石力学与工程学报，2002（11）：1590-1593.

[129] 王卫军，范磊，马谕杰，等．基于蝶形破坏理论的深部巷道围岩控制技术研究［J］．煤炭科学技术，2023，51（1）：157-167.

[130] 余伟健，冯涛，王卫军，等．软弱半煤岩巷围岩的变形机制及控制原理与技术［J］．岩石力学与工程学报，2014，33（4）：658-671.

[131] YU Weijian, LIU Fangfang. Stability of close chambers surrounding rock in deep and comprehensive control technology ［J］. Advances in Civil Engineering, 2018：1-18.

[132] 靖洪文，宋宏伟，郭志宏．软岩巷道围岩松动圈变形机理及控制技术研究［J］．中国矿业大学学报，1999（6）：43-47.

[133] 牛双建，靖洪文，张忠宇，等．深部软岩巷道围岩稳定控制技术研究及应用［J］．煤炭学报，2011，36（6）：914-919.

[134] 靖洪文，李元海，许国安．深埋巷道围岩稳定性分析与控制技术研究［J］．岩土力学，2005（6）：877-880，888.

[135] 康红普，姜鹏飞，冯彦军，等．煤矿巷道围岩卸压技术及应用［J］．煤炭科学技术，2022，50（6）：1-15.

[136] 李俊平．卸压开采理论与实践［M］．北京：冶金工业出版社，2019.

[137] 李奎．水平层状隧道围岩压力拱理论研究［D］．成都：西南交通大学，2010.

[138] Li C Chunlin. Rock support design based on the concept of pressure arch ［J］. International Journal of Rock Mechanics and Mining Science, 2006, 43（7）：1083-1090.

[139] 卡斯特奈．隧道与坑道静力学（第二次修订版）［M］．同济大学，译．上海：上海科学技术出版社，1980.

[140] 梁运培，李波，袁永，等．大采高综采采场关键层运动型式及对工作面矿压的影响［J］．煤炭学报，2017，42（6）：1380-1391.

[141] 毛仲玉，张修峰．深部开采冲击地压治理的研究［J］．煤矿开采，1996（3）：39-43.

[142] 李俊平，卢连宁，于会军．切槽放顶法在沿空留巷地压控制中的应用［J］．科技导报，2007，25（20）：43-47.

[143] 刘正和，杨录胜，宋选民，等．巷旁深切缝对顶部岩层应力控制作用研究［J］．采矿与安全工程学报，2014，31（3）：347-353.

[144] 王襄禹，柏建彪，胡忠超．基于变形压力分析的有控卸压机理研究［J］．中国矿业大学学报，2010，39（3）：313-317.

［145］ KANG Hongpu, LIN Jian, WU Yongzheng. Development of high pretensioned and intensive supporting system and its application in coal mine roadways ［J］. Procedia Earth and Planetary Science, 2009, 1（1）: 479-485.

［146］ 贾宝山, 解茂昭, 章庆丰, 等. 卸压支护技术在煤巷支护中的应用 ［J］. 岩石力学与工程学报, 2005, 24（1）: 116-120.

［147］ 于学馥, 乔端. 轴变论和围岩稳定轴比三规律 ［J］. 有色金属, 1981, 33（3）: 8-15.

［148］ 李俊平, 连明杰. 矿山岩石力学 ［M］. 北京: 冶金工业出版社, 2013.

［149］ 康红普, 张晓, 王东攀, 等. 无煤柱开采围岩控制技术及应用 ［J］. 煤炭学报, 2022, 47（1）: 16-44.

［150］ QIN Yan, XU Nengxiong, ZHANG Zhongjian, et al. Failure process of rock strata due to multi-seam coal mining: Insights from physical modelling ［J］. Rock Mechanics and Rock Engineering, 2021, 54（5）: 2219-2232.

［151］ LAI Xingping, ZHANG Leiming, ZHANG Yun, et al. Research of the backfill body compaction ratio based on upward backfill safety mining of the close-distance coal seam group ［J］. Geofluids, 2022, 8418218.

［152］ SUN Qiang, ZHANG Jixiong, HUANG Yanli, et al. Failure mechanism and deformation characteristics of gob-side entry retaining in solid backfill mining: A case study ［J］. Natural Resources Research, 2019, 29（4）: 2513-2527.

［153］ LIU Hongyang, ZHANG Boyang, LI Xuelong, et al. Research on roof damage mechanism and control technology of gob-side entry retaining under close distance gob ［J］. Engineering Failure Analysis, 2022, 138, 106331.

［154］ ZHA Wenhua, SHI Hao, LIU San, et al. Surrounding rock control of gob-side entry driving with narrow coal pillar and roadway side sealing technology in Yangliu Coal Mine ［J］. International Journal of Mining Science and Technology, 2017, 27（5）: 819-823.

［155］ 康红普, 朱泽虎, 王兴库, 等. 综采工作面过上山原位留巷技术研究 ［J］. 煤炭学报, 2002（5）: 458-461.

［156］ CUI Feng, ZHANG Suilin, CHEN Jianqiang, et al. Numerical study on the pressure relief characteristics of a large-diameter borehole ［J］. Applied Sciences-Basel, 2022, 12（16）, 7967.

［157］ LIU Jiangwei, LIU Changyou, LI Xuehua, et al. Determination of fracture location of double-sided directional fracturing pressure relief for hard roof of large upper goaf-side coal pillars ［J］. Energy Exploration & Exploitation, 2020, 38（1）: 111-136.

［158］ HAN Zhen, HUANG Yanli, LI Junmeng, et al. Study on key parameters of roof cutting and pressure release in medium-thickness coal seam ［J］. Geotechnical and Geological Engineering, 2019, 37（4）: 3413-3422.

［159］ HUI Qianjia, SHI Zengzhu, JIA Dongxu. Technology of coal seam long borehole blasting and comprehensive evaluation method of pressure relief effect in high rockburst proneness longwall panel ［J］. Shock and Vibration, 2021, 1937395.

［160］ ZHAI Wen, GUO Yachao, MA Xiaochuan, et al. Research on hydraulic fracturing pressure relief technology in the deep high-stress roadway for surrounding rock control [J]. Advances in Civil Engineering, 2021, 1217895.

[161] WANG Zhonghua, CAO Jianjun, LIU Jun, et al. Research on permeability enhancement model of pressure relief roadway for deep coal roadway strip [J]. Geofluids, 2022, 1342592.

[162] ZHAO Dan, WANG Mingyu, GAO Xinhao. Study on the technology of enhancing permeability by deep hole presplitting blasting in Sanyuan coal mine [J]. Scientific Reports, 2021, 11 (1): 1-13.

[163] 齐庆新, 雷毅, 李宏艳, 等. 深孔断顶爆破防治冲击地压的理论与实践 [J]. 岩石力学与工程学报, 2007 (S1): 3522-3527.

[164] ZHANG Xiao, KANG Hongpu. Pressure relief mechanism of directional hydraulic fracturing for gob-side entry retaining and its application [J]. Shock and Vibration, 2021, 6690654.

[165] 冯豫. 我国软岩巷道支护的研究 [J]. 矿山压力与顶板管理, 1990 (2): 42-44, 67-72.

[166] 李俊平, 王红星, 王晓光, 等. 卸压开采研究进展 [J]. 岩土力学, 2014, 35 (S2): 350-358, 363.

[167] 李俊平, 王海泉, 刘非. 基于切顶卸压理论的绿色开采理念探索 [J]. 金属矿山, 2023 (11): 130-135.

[168] 何满潮, 王亚军, 杨军, 等. 切顶成巷工作面矿压分区特征及其影响因素分析 [J]. 中国矿业大学学报, 2018, 47 (6): 1157-1165.

[169] 何满潮, 王亚军, 杨军, 等. 切顶卸压无煤柱自成巷开采与常规开采应力场分布特征对比分析 [J]. 煤炭学报, 2018, 43 (3): 626-637.

[170] 何满潮, 陈上元, 郭志飚, 等. 切顶卸压沿空留巷围岩结构控制及其工程应用 [J]. 中国矿业大学学报, 2017, 46 (5): 959-969.

[171] 何满潮, 宋振骐, 王安, 等. 长壁开采切顶短壁梁理论及其 110 工法——第三次矿业科学技术变革 [J]. 煤炭科技, 2017 (1): 1-9, 13.

[172] WANG Yajun, HE Manchao, YANG Jun, et al. Case study on pressure-relief mining technology without advance tunneling and coal pillars in longwall mining [J]. Tunnelling and Underground Space Technology, 2020, 97, 103236.

[173] 林柏泉, 李子文, 翟成, 等. 高压脉动水力压裂卸压增透技术及应用 [J]. 采矿与安全工程学报, 2011, 28 (3): 452-455.

[174] 黄炳香, 赵兴龙, 陈树亮, 等. 坚硬顶板水压致裂控制理论与成套技术 [J]. 岩石力学与工程学报, 2017, 36 (12): 2954-2970.

[175] 赵兴龙, 黄炳香. 基于应力增速与应力梯度的水压致裂应力扰动评价研究 [J]. 采矿与安全工程学报, 2021, 38 (6): 1167-1177.

[176] 吴拥政, 康红普. 煤柱留巷定向水力压裂卸压机理及试验 [J]. 煤炭学报, 2017, 42 (5): 1130-1137.

[177] 姜福兴, 成功, 冯宇, 等. 两侧不规则采空区孤岛工作面煤体整体冲击失稳研究 [J]. 岩石力学与工程学报, 2015, 34 (S2): 4164-4170.

[178] 杨月, 潘一山, 罗浩, 等. 大直径煤层钻孔注水压裂防治冲击地压数值模拟 [J]. 辽

宁工程技术大学学报（自然科学版），2014，33（4）：451-455.

[179] 齐庆新，潘一山，舒龙勇，等. 煤矿深部开采煤岩动力灾害多尺度分源防控理论与技术架构［J］. 煤炭学报，2018，43（7）：1801-1810.

[180] 窦林名，田鑫元，曹安业，等. 我国煤矿冲击地压防治现状与难题［J］. 煤炭学报，2022，47（1）：152-171.

[181] 曹安业，朱亮亮，杜中雨，等. 巷道底板冲击控制原理与解危技术研究［J］. 采矿与安全工程学报，2013，30（6）：848-855.

[182] 卢义玉，黄杉，葛兆龙，等. 我国煤矿水射流卸压增透技术进展与战略思考［J］. 煤炭学报，2022，47（9）：3189-3211.

[183] 卢义玉，李瑞，鲜学福，等. 地面定向井＋水力割缝卸压方法高效开发深部煤层气探讨［J］. 煤炭学报，2021，46（3）：876-884.

[184] 于斌，刘长友，刘锦荣. 大同矿区特厚煤层综放回采巷道强矿压显现机制及控制技术［J］. 岩石力学与工程学报，2014，33（9）：1863-1872.

[185] 于斌，段宏飞. 特厚煤层高强度综放开采水力压裂顶板控制技术研究［J］. 岩石力学与工程学报，2014，33（4）：778-785.

[186] GU Shitan, CHEN Changpeng, JIANG Bangyou, et al. Study on the pressure relief mechanism and engineering application of segmented enlarged-diameter boreholes ［J］. Sustainability, 2022, 14（9），5234.

[187] YAO Jinpeng, YIN Yanchun, ZHAO Tongbin, et al. Segmented enlarged-diameter borehole destressing mechanism and its influence on anchorage support system ［J］. Energy Science & Engineering, 2020, 8（8）：2831-2840.

[188] HAO Jian, BIAN Hua, SHI Yongkui, et al. Research on pressure relief hole parameters based on abutment pressure distribution pattern ［J］. Shock and Vibration, 2021, 7143590.

[189] CHEN Baobao, LIU Changyou, WU Fengfeng. Optimization and practice for partition pressure relief of deep mining roadway using empty-hole and deep-hole blasting to weaken coal ［J］. Geofluids, 2021, 9335523.

[190] ZHANG Lei, HUANG Peng, LIU Sijia, et al. Relief mechanism of segmented hole reaming and stress distribution characteristics of drilling holes in deep coal mine ［J］. Processes, 2022, 10, 1566.

[191] 谢生荣，王恩，陈冬冬，等. 深部强采动大断面煤巷围岩外锚-内卸协同控制技术［J］. 煤炭学报，2022，47（5）：1946-1957.

[192] XIE Shengrong, JIANG Zaisheng, CHEN Dongdong, et al. A new pressure relief technology by internal hole-making to protect roadway in two sides of deep coal roadway：A case study ［J］. Rock Mechanics and Rock Engineering, 2023, 56（2）：1537-1561.

[193] XIE Shengrong, JIANG Zaisheng, CHEN Dongdong, et al. Failure mechanism of continuous large deformation and a novel pressure relief control technology on the two sides of deep coal roadway ［J］. Engineering Failure Analysis, 2023, 144, 106941.

[194] 鞠文君，孙刘伟，刘少虹，等. 冲击地压巷道"卸-支"协同防控理念与实现路径［J］. 煤炭科学技术，2021，49（4）：90-94.

[195] 何富连，张广超. 大断面采动剧烈影响煤巷变形破坏机制与控制技术 [J]. 采矿与安全工程学报，2016，33（3）：423-430.

[196] 何富连，许磊，吴焕凯，等. 厚煤顶大断面切眼裂隙场演化及围岩稳定性分析 [J]. 煤炭学报，2014，39（2）：336-346.